高等职业教育土木建筑类专业教材

建筑施工组织实务

主　编　张　艳　武　强

参　编　王娟娟　黄艳妮　安亚强

主　审　杨　谦

U0288367

北京理工大学出版社
BEIJING INSTITUTE OF TECHNOLOGY PRESS

内 容 提 要

本书共8个学习情境，主要内容包括资料收集与分析、工程概况编制、施工方案编制、施工进度计划编制、施工平面图编制、技术经济措施及技术经济分析编制、单位工程施工组织设计案例、单位工程施工组织设计编制任务等。

本书可作为高职高专院校工程造价等相关专业的教材，也可作为函授和自考辅导用书，还可供建筑工程施工现场相关技术和管理人员工作时参考使用。

图书在版编目(CIP)数据

建筑施工组织实务 / 张艳，武强主编.—北京：北京理工大学出版社，2018.1（2024.1重印）

ISBN 978-7-5682-4478-7

Ⅰ.①建… Ⅱ.①张… ②武… Ⅲ.①建筑工程－施工组织－高等学校－教材 Ⅳ.①TU721

中国版本图书馆CIP数据核字（2017）第182384号

责任编辑：李玉昌　　文案编辑：瞿义勇

责任校对：周瑞红　　责任印制：边心超

出版发行 / 北京理工大学出版社有限责任公司

社　址 / 北京市丰台区四合庄路 6 号

邮　编 / 100070

电　话 / （010）68914026（教材售后服务热线）

（010）68944437（课件资源服务热线）

网　址 / http：//www.bitpress.com.cn

版 印 次 / 2024 年 1 月第 1 版第 3 次印刷

印　刷 / 北京紫瑞利印刷有限公司

开　本 / 787 mm × 1092 mm　1/16

印　张 / 6.5

字　数 / 116 千字

定　价 / 39.00 元

前　言

本书根据建筑工程类相关专业“建筑工程施工组织”课程教学的基本要求，并结合高职教学改革的知识要求和实践教学经验编写。本书是为编制施工组织设计提供前提，是“建筑工程施工组织”课程的主要实践教学环节之一。学生通过本课程的学习，初步掌握单位工程施工组织设计的设计步骤和方法，巩固所学的理论知识，并运用所学知识分析和解决单位工程施工组织设计问题。

本书的编写体现了以下特点：

（1）以应用为目的，引用实际案例，强调内容的适用性和实用性。

（2）编写力求严谨、规范、内容精练、叙述准确、通俗易懂。

（3）密切结合工程实际，通过相应章节的技能训练，使学生便于理论联系实际。

本书由陕西工业职业技术学院张艳、武强担任主编，西安建筑科技大学王娟娟、陕西工业职业技术学院黄艳妮、安亚强参与了本书部分章节的编写工作。具体编写分工如下：安亚强编写学习情境1、2、3，黄艳妮编写学习情境4，张艳编写学习情境5、6、8，王娟娟编写学习情境7。全书由杨谦主审。

本书在编写过程中参阅了有关文献资料，谨在此对相关作者一并致谢。

限于编写水平和经验，书中不妥之处在所难免，恳请广大读者和同行专家批评指正。

编　者

目 录

学习情境1　资料收集与分析

【实训目的】

1. 能正确遵循基本建设程序和建筑施工程序；

2. 能正确区分建设项目组成及建筑施工组织设计类别，正确拟定建筑工程施工组织设计的组成内容；

3. 能根据施工准备工作的具体内容正确编制施工准备计划；

4. 能正确组织施工准备工作计划的实施。

任务1.1　基本建设和建筑施工程序

1.1.1　基本建设及其程序

1. 基本建设和建设程序的概念

基本建设是指为了发展国民经济，满足人们日益增长的物质和文化生活的需要，或者为了扩大再生产而增加固定资产投资的各项建设工作。它在国民经济中占有重要的地位。基本建设由一个个的建设项目组成，包括新建、扩建、改建、恢复工程及与之相关的工作。如项目投资咨询、论证，勘察设计，征地拆迁，场地平整，人员培训，材料、设备的购置等。

建设程序是指在建设工作中必须遵循的先后次序。即建设项目从决策、设计、施工到验收的各个阶段的工作顺序。建设工作内容涉及面广，协作配合的环节多，有些是前后衔接的，有些需要横向配合，有些相互交叉。现行的建设程序，客观地总结了建设的实践经验，正确反映了建设全过程所固有的一般规律。

2. 建设程序的内容

（1）项目建议书。

（2）可行性研究。

（3）编制计划任务书。

（4）选择建设地点。

（5）编制设计文件。

（6）建设准备。

（7）安排建设计划。

（8）项目管理。

（9）生产准备。

（10）项目验收。

3．基本建设程序的五阶段

基本建设程序包括五个阶段，分别是决策阶段、设计阶段、建设准备阶段、项目管理阶段、竣工验收阶段。

4．基本建设程序的八步骤

（1）建设项目可行性研究。

（2）编制建设项目计划任务书或设计任务书。

（3）勘察设计工作。

（4）项目建设的准备工作。

（5）拟定建设项目的建设计划安排。

（6）建筑、安装施工。

（7）生产前的各项准备工作。

（8）竣工验收、交付使用。

1.1.2 基本建设项目及其组成

建设项目是指按一个总体设计进行施工的若干个单项工程的总和，建成后具有设计所规定的生产能力或效益，并在行政上具有独立的组织，在经济上能够进行独立核算。例如，工业建设项目中的炼钢厂、纺织厂等；民用建设项目中的住宅小区、学校、医院等。

1．单项工程（又称工程项目）

单项工程是指在一个建设项目中具有独立而完整的设计文件，建成后可以独立发挥生产能力或效益的工程。其是建设项目的组成部分，如一幢公寓楼。

2. 单位工程

单位工程是指具有独立设计，可以单独施工，但是完工后一般不能独立发挥作用的工程。其是单项工程的组成部分，如公寓楼的土建、给水排水、电气照明工程等。

3. 分部工程

分部工程一般是按建筑结构部位、所需专业工种、设备种类和型号，以及使用材料的不同而划分的工程。其是单位工程的组成部分，如一幢房屋的土建单位工程，按其结构部位可划分为地基与基础、主体结构、屋面防水、装饰等分部工程。

4. 分项工程

分项工程是最简单的施工活动，一般是按分部工程的不同施工方法、不同材料品种等划分的工程。其是分部工程的组成部分，如砖混结构建筑的地基与基础分部工程可划分为挖土、做垫层、砌基础、回填土等分项工程。

1.1.3 建筑产品及其生产特点

建筑产品及其生产具有体积庞大、固定性、多样性、综合性等特点。

1.1.4 建筑施工程序

（1）投标与签订施工合同，落实施工任务。

（2）统筹安排，做好施工规划。

（3）做好施工准备工作，提交开工报告。

（4）组织施工。

（5）竣工验收，交付使用。

任务1.2 建筑施工组织简介

1.2.1 建筑施工组织的研究对象

建筑施工组织是研究建筑产品生产过程中诸要素统筹安排与系统管理的客观规律的一门科学，其研究的对象是整个建筑产品。

1.2.2 建筑施工组织设计及其作用

建筑施工组织设计是指导拟建工程施工全过程中各项活动的技术、经济和组织的综合性文件。其作用如下：

（1）用来指导工程投标与签订施工合同，作为投标书的内容和合同文件的一部分。

（2）建筑施工组织设计既是施工准备工作的重要组成部分，又是做好施工准备工作的主要依据和重要保证。

（3）建筑施工组织设计中根据工程设计及施工条件拟定的施工方案、施工顺序、劳动组织和技术组织措施等，是指导开展紧凑、有序施工活动的技术依据。其明确了施工重点和影响工期进度的关键施工过程，并提出相应的技术、质量、安全、文明施工等各项目标及技术组织措施，提高了综合效益。

（4）施工组织设计中所列出的各项资源需要量计划，直接为组织材料、机具、设备、劳动力提供了数量数据。

（5）通过编制施工组织设计，可以合理地部署施工现场，高效地利用为施工服务的各项临时设施，以确保文明施工、安全施工。

（6）通过编制施工组织设计，可以将工程的设计与施工、技术与经济、土建施工与设备安装、各部门之间、各专业之间有机地结合起来，做到统筹兼顾，协调一致。

（7）通过编制施工组织设计，能够事先发现施工中的风险和矛盾，及时研究解决问题的对策及措施，从而提高了对施工问题的预见性，减少了盲目性。

1.2.3 建筑施工组织设计的分类

1. 按编制对象的不同分类

（1）施工组织总设计。施工组织总设计是以一个建设项目或建筑群为对象编制的，是规划和控制其施工全过程的技术、经济活动的纲领性文件。其是关于整个建设项目施工的战略部署，涉及范围广，但内容概括。在初步设计或扩大初步设计被批准后，由总承包单位的总工程师负责，与建设、设计、分包单位协商研究后，组织有关工程技术人员编写。

（2）单位工程施工组织设计。单位工程施工组织设计是以一个单位工程为对象编制的，是控制其施工全过程的各项技术、经济活动的指导性文件，是对拟建工程在施工方面的战术安排。施工图会审后，由主管工程师负责编制。

（3）分部分项工程施工组织设计。分部分项工程施工组织设计是以施工难度大或技术复杂的分部分项工程为对象编制的。如复杂的基础施工、大型构件的吊装等。在单位工程施工组织设计确定的施工方案的基础上，由施工单位的技术队长负责编制，用以指导其施工。

2. 按中标前后分类

建筑施工组织设计按中标前后的不同可分为投标前的施工组织设计（简称标前设计）和中标后的施工组织设计（简称标后设计）两种。

（1）标前设计。在投标前编制的施工组织设计是以此向建设单位展示本施工企业的技术能力和管理水平。标前设计的目的是通过投标竞争承揽工程任务。

（2）标后设计。签订工程承包合同后，应依据标前设计、施工合同、企业施工计划，在开工前由中标后成立的项目经理部负责编制详细的实施性、指导性标后设计。

1.2.4 建筑施工组织设计的内容组成

1. 工程概况

工程概况主要包括建设项目性质、规模、地点、特点、工期、施工条件、自然环境、水文地质等内容。

2. 施工方案和施工方法

施工方案主要包括施工程序、施工流程及施工顺序的确定、施工机械与施工方法的选择、技术组织措施的制定。

选择施工方法时，应重点考虑影响整个单位工程施工的分部分项工程的施工方法。

3. 施工进度计划

施工进度计划主要包括各分部分项工程的工程量、劳动量或机械台班量、施工班组人数、每天工作班数、工作持续时间及施工进度等内容。

4. 施工准备工作及各项资源需要量计划

施工准备工作计划包括施工准备工作的内容、起止时间、工程量大小及完成各项工作人数和具体负责人等。

各项资源需要量计划主要包括劳动力、施工机具、运输设备、主要建筑材料、构件和半成品需要量计划。

5. 施工平面图

施工平面图主要包括起重运输机械位置的确定，搅拌站、加工棚、仓库及材料堆放场地的布置，运输道路的布置，临时设施及供水、供电管线的布置等内容。

6. 主要技术经济指标

主要技术经济指标包括工期指标、质量和安全指标、实物量消耗指标、成本指标和投资额指标等。

1.2.5　建筑施工组织的原则

1. 认真贯彻党和国家关于基本建设的方针政策

严格控制固定资产投资规模，集中投资保重点；基本建设项目实行严格的审批制度；严格按基本建设程序办事，严格执行建筑施工程序；改革建筑业的管理体制，推行“投资包干制”和“招投标制”；对建设项目的管理严格实行责任制度，做到“五定”，即定建设规模、定投资总额、定建设工期、定投资效果、定外部协作条件。

2. 严格履行合同条款

建筑施工组织设计的编制应以工程合同为依据，采取有利的技术组织措施，使工期、质量、进度严格控制在合同条款约定的范围内。

3. 合理安排施工顺序

对一个建设项目中的各单项、单位工程，本着先建成、先投产、先受益和可为后续施工服务的原则，合理安排施工顺序。

4. 科学地确定施工方案

为提高劳动生产率、改善工程质量、加快施工进度、降低工程成本，在确定施工方案时，要积极采用新技术、新工艺、新设备和新材料。结合工程特点和施工条件，使技术的先进性和经济的合理性协调，防止盲目追求技术的先进性而忽视了经济的合理性。

5. 采用先进技术安排进度计划

采用流水施工组织方式和网络计划技术编制进度计划，以保证连续、均衡施工，合理使用人力、物力和财力。

6. 合理布置施工平面

尽量利用原有建筑物或构筑物，减少临时设施的搭设。做到设备、材料堆场与临时设施的合理布置，减少施工用地。

7. 提高建筑施工的工业化程度

采用工厂预制与现场预制相结合的方案，提高建筑施工的工业化程度。

8. 扩大机械化施工范围

确定施工方案时，尽可能选择机械化施工方案，充分利用现有的机械设备，扩大机械化施工范围。

9．降低施工成本

贯彻勤俭、节约的方针，因地制宜，就地取材，减少运输费用；充分利用原有的建筑设施，减少临时设施的搭设和暂设工程的修建；节约能源和材料。

10．质量第一

贯彻“百年大计，质量为本”的方针，严格执行施工验收规范、操作规程和质量检验标准。

11．安全施工

贯彻“安全为了生产、生产必须安全”的方针，建立健全各项安全管理规章制度，制订安全施工保障措施，确保施工安全。

12．文明施工

施工人员的一切生产和生活活动必须符合社会秩序和行为规范的要求，不得破坏自然环境和社会环境，杜绝野蛮施工和粗鲁行为。

任务1.3　建筑施工准备

1.3.1　施工准备工作概述

1．施工准备工作的意义

施工准备工作是为拟建工程的施工创造必要的技术、物质条件，统筹安排施工力量和部署施工现场，以确保工程施工顺利进行。其是建筑业企业生产经营管理的重要组成部分。

2．施工准备工作的任务

施工准备工作的任务是通过对工程施工法律依据、工程特点和关键的掌握，对施工中的风险和可能发生的变化进行预测、调查并创造各种施工条件，为工程开工和连续施工创造一切必备的条件。

3．施工准备工作的内容

一般施工准备工作的内容可分为建筑施工信息收集、技术资料准备、施工现场准备、劳动组织及物资准备。

4. 施工准备工作的分类

（1）按准备工作范围可分为全场性施工准备、单项（位）工程施工条件准备和分部（项）工程作业条件准备。

1）全场性施工准备。全场性施工准备是指以一个建设项目为对象而进行的各项施工准备，其目的和内容都是为全场性施工服务的，它不仅要为全场性的施工活动创造有利条件，而且要兼顾单项工程施工条件的准备。

2）单项（位）工程施工条件准备。单项（位）工程施工条件准备是指以一个建筑物或构筑物为对象而进行的施工准备，其目的和内容都是为该单项（位）工程服务的。它既要为单项（位）工程做好开工前的一切准备，又要为其分部（项）工程施工进行作业条件的准备。

3）分部（项）工程作业条件准备。分部（项）工程作业条件准备是指以一个分部（项）工程或冬、雨期施工工程为对象而进行的作业条件准备。

（2）按工程所处施工阶段可分为开工前的施工准备工作和开工后的施工准备工作。

1）开工前的施工准备工作。开工前的施工准备工作是在拟建工程正式开工前所进行的一切施工准备，其目的是为工程正式开工创造必要的施工条件。

2）开工后的施工准备工作。开工后的施工准备工作是在拟建工程开工后，每个施工阶段正式开始之前所进行的施工准备。例如，混合结构住宅的施工通常分为地下工程、主体结构工程和装饰工程等施工阶段。由于每个阶段的施工内容不同，其所需物资技术条件、组织要求和现场布置等方面也不同。因此，必须做好相应的施工准备。

1.3.2 建筑施工信息的收集

1. 施工信息收集的目的与方法

为了使施工准备工作迅速展开、施工任务顺利进行，必须首先通过实地勘察与调查研究，掌握相关信息资料，并对这些资料进行细致、认真地分析研究，以便为解决各项施工组织问题提供正确的依据，编制出一个切合实际、高质量、效果好的施工组织设计。

调查时，可采用社会调查法、汇报法、资料查询法等，从勘察设计单位获得有关设计计划任务书、工程地址选择报告、工程水文地质勘测报告、地形测量图、工程设计文件及概预算等资料，从当地气象部门获取气象资料，从当地有关部门收集现行规定及涉及该项工程的指示、协议和类似工程的实践经验资料等。

2. 工程建设信息收集

工程建设信息收集具体见表1.1。

表1.1　工程建设信息收集

序号	调查单位	调查内容	调查目的
1	建设单位	①建设项目设计任务书及有关文件； ②建设项目的性质、规模、生产能力； ③生产工艺流程，主要工艺设备名称及来源、供应时间、分批和全部到货时间； ④建设期限、开工时间、交工先后顺序、竣工投产时间； ⑤总概预算、年度建设计划； ⑥施工准备工作内容、安排和工作进度	①作为施工依据； ②项目建设部署； ③主要工程施工方案； ④规划施工总进度； ⑤安排年度施工计划； ⑥规划施工总平面图； ⑦确定占地范围
2	设计单位	①建设项目总平面规划； ②工程地形、地质勘察资料； ③水文地质勘察资料； ④项目建设规模，建筑、结构、装修概况，总建筑面积，占地面积； ⑤单项（单位）工程个数； ⑥设计进度安排； ⑦生产工艺设计及特点； ⑧地形测量图	①施工总平面图规划； ②生产施工区、生活区规划； ③大型暂设工程安排； ④概算劳动力、主要材料用量，选择主要施工机械； ⑤规划施工总进度； ⑥计算平整场地土石方量； ⑦确定地基、基础施工方案

3. 工程所在地自然条件信息收集

（1）气象调查。

（2）河流、地下水调查。

4. 工程所在地技术经济条件收集

（1）主要材料信息。

（2）建设地区的能源信息（给水排水条件、供电、供热、供气、地方资源等）。

（3）建设地区交通运输条件信息。

（4）社会生活条件信息。

（5）施工企业信息。

5. 参考资料收集

在编制施工组织设计时，还应参考冬、雨期资料、机械台班产量、工期参考指标等。

6. 编写施工信息收集报告

（1）工程概况。

（2）施工条件。

（3）施工建议方案。

1.3.3 技术资料准备

1．熟悉与审查施工图纸及其他技术资料

（1）设计图纸是否符合国家有关规范、技术规范、技术政策的要求。

（2）核对设计图纸及说明书是否完整、明确，设计图纸与说明等其他各组成部分之间有无矛盾和错误。

（3）核对建筑图及其结构图在主要轴线、几何尺寸、坐标、标高、说明等方面是否一致，有无错误，技术要求是否正确。

（4）总图的建筑物坐标位置与单位工程建筑平面图是否一致。

（5）基础设计与实际地质是否相符，建筑物与地下构造物及管线之间有无矛盾，建筑、结构、设备施工图中基础留口、留洞的位置和标高是否相符。

（6）建筑构造与结构构造之间，结构的各种构件之间，以及各种构件、配件之间的联系是否清楚。

（7）了解主体结构各层砖、砂浆、混凝土的强度等级有无变化，从基础到主体、屋面的各种构造做法，装修与结构施工的关系，防水、防火、保温隔热、高级装修等特殊要求的技术要点。

（8）建筑安装与建筑施工的配合上存在哪些技术问题，能否合理解决。

（9）设计中所选用的各种材料、配件、构件等，在组织采购时，其品种、规格、性能、质量、数量等能否满足设计规定的需要。

（10）对设计资料有什么合理化建议及其他问题。

2．编制建筑施工组织设计

施工组织设计是指导施工现场全部生产活动的技术经济文件。其既是施工准备工作的重要组成部分，也是做好其他施工准备工作的依据。施工组织设计既要体现建设计划和设计的要求，又要符合施工活动的客观规律，对施工项目的全过程起到战略部署和战术安排的作用。

对于“四新”技术应用、技术复杂或本单位不熟悉的分部工程还要编制分部工程施工组织设计。

3．编制施工图预算和施工预算

（1）编制施工图预算。施工图预算是在拟建工程开工前的施工准备工作时期编制的，主要是确定建筑工程造价和主要物资需要量。施工图预算一经审查，就成为签订工程承包合同，进行企业经济核算以及编制施工计划和银行拨贷款的依据。

（2）编制施工预算。施工预算是施工企业在工程签订承包合同后，以施工图预算为基础，结合企业和工程实际，根据施工方案、施工定额等确定的。它是企业内部经济核算和班组承包的依据，是施工企业内部使用的一种预算。

1.3.4 施工现场准备

1．建立施工现场测量控制网

（1）对测量仪器进行检验校正。

（2）了解设计意图，熟悉并校正施工图纸。

（3）校核红线桩和水准点。

（4）制定测量、放线方案。

2．消除障碍物

清除障碍物一般由建设单位完成，但有时委托施工单位完成。清除时，一定要了解现场实际情况。原有建筑物情况复杂、原始资料不全时，应采取相应的措施，防止发生事故。

对于原有电力、通信、给水排水、煤气、供热网、树木等设施的拆除和清理，应与有关部门联系，并办好手续后方可进行，一般由专业公司来处理。房屋必须在水、电、气切断后，才能进行拆除。

3．做到“七通一平”

（1）水通。水是施工现场的生产、生活和消防不可缺少的。拟建工程开工之前，必须按照施工平面图的要求，接通施工用水和生活用水的管线，尽可能与永久性的给水系统相结合。临时管线的铺设，既要满足施工用水的需用量，又要施工方便，管线敷设尽量短，以降低工程成本。

（2）电通。电是施工现场的主要动力来源。施工现场用电包括施工生产用电和生活用电。由于建筑工程施工供电面积大，启动电流大，负荷变化多和手持式用电机具多，施工现场临时用电需考虑安全和节能措施。拟建工程开工之前，要按照施工组织设计的要求接通电器，确保施工现场动力设备的正常运行。

（3）路通。道路是组织物资运输的动脉。拟建工程开工之前，按照施工平面图的要求，修建施工现场永久性道路和临时性道路，形成完整的运输网络。尽可能利用原有道路，也可以先修永久性道路的路基或在路基上铺设简易路面，待施工完毕后，再铺设永久性路面。

（4）排水通。施工现场的排水也十分重要，特别是在雨期，如场地排水不畅，会影响到施工和运输的顺利进行。例如，高层建筑的基坑深、面积大，施工往往要经过雨期，需做好基坑周围的挡土支护工作，防止坑外雨水向坑内汇流，并做好基坑底部雨水的排放工作。

（5）排污通。施工现场的污水排放，直接影响到城市的环境卫生，由于环境保护的要求，有些污水不能直接排放，需要进行处理后方可排放。因此，现场的排污也是一项重要的工作。

（6）电信通。通电信是指园区内基本通信设施畅通，通信设施是指电话、传真、邮件、宽带网络、光缆等。

（7）蒸汽及煤气通。施工中需要通蒸汽、煤气时应按照施工组织设计的要求进行安排，以保证施工的顺利进行。

（8）平整施工场地。清除障碍物后，即可进行场地平整工作。首先通过测量，按建筑总平面图中确定的标高，计算出挖土、填土的数量，设计土方调配方案，组织人力或机械进行平整场地的工作，对地下管道、电缆等要采取可靠的拆除或保护措施。

4．搭设临时设施

对指定的施工用地边界应用围栏围挡起来，围挡的形式和材料应符合市容管理的有关规定与要求。在主要出入口处设置标牌，标明工程名称、施工单位、工地负责人等。各种生产、生活临时设施应按批准的施工组织设计规定的数量、标准、面积、位置等要求组织修建。在考虑搭设施工现场临时设施时，应尽量利用原有建筑物，尽可能减少临时设施数量。

5．冬、雨期施工准备及设置消防、安保设施

（1）冬期施工作业准备。

1）合理安排冬期施工项目和进度。对于采取冬期施工措施费用增加不大的项目，如吊装、打桩工程等可列入冬期施工范围；而对于冬期施工措施费用增加较大的项目，如土方、基础、防水工程等，尽量安排在冬期之前进行。凡进行冬期施工的工程项目，必须复核施工图纸是否能适应冬期施工要求，如墙体的高厚比、横墙间距等有关的结构稳定性，以及工程结构能否在冷状态下安全过冬等问题。如有不符，应通过图纸会审解决。

2）进行冬期施工的工程项目，在入冬前应编制冬期施工方案。根据冬期施工规程，结合工程实际及施工经验等进行，尽可能缩短工期。方案确定后，要组织有关人员学习，并向队组进行交底。

3）重视冬期施工对临时设施布置的特殊要求。施工临时给水排水管网应采取防冻措施，尽量设在冰冻线以下，外露的管网应用保暖材料包扎，避免受冻；注意道路的清理，防止积雪的阻塞，保证运输畅通。

4）提前做好物资的供应和储备。提前准备好混凝土促凝剂等特殊施工材料、保温材料以及锅炉、蒸汽管、劳保防寒用品等。

5）加强冬期防火保安措施，及时检查消防器材和装备的性能。

6）冬期施工时要采取防滑措施，防止煤气中毒，防止漏电、触电。

（2）雨期施工作业准备。

1）首先，在施工进度安排上注意晴雨结合。晴天多进行室外工作，为雨天创造工作面。为避免雨期窝工造成损失，不宜在雨天施工的项目，应安排在雨期之前或之后进行。

2）加强施工管理，做好雨期施工的安全教育。要认真编制雨期施工技术措施（如雨期前后的沉降观测措施，保证防水层雨期施工质量的措施，保证混凝土配合比、浇筑质量的措施，钢筋除锈的措施等），认真组织贯彻实施。加强对职工的安全教育，防止各种事故发生。

3）做好施工现场排水防洪准备工作。经常疏通排水管沟，防止堵塞。准备好抽水设备，防止场地积水和地沟、基槽、地下室等浸水，对工程施工造成损失。

4）做好道路防滑措施，保证施工现场内外的交通畅通。

5）加强施工物资的保管，注意防水和控制工程质量。准备必要的防雨器材，库房四周设排水沟渠，防止物资因淋雨、浸水而变质，仓库要做好地面防潮和屋面防漏雨工作。

（3）设置消防、保安设施。在施工现场布置消火栓、灭火器，在施工现场出入口设置保安用房，有安保人员轮流值班，防止闲杂人员进入，以确保现场安全施工。

1.3.5 劳动组织及物资准备

1．劳动组织

（1）建立项目管理班子。根据工程规模、结构特点和复杂程度选择项目经理，由项目经理按择优聘任、双向选择的原则组建项目管理的领导班子，聘任各级各项业务的技术管理人员，选配各工种专业施工队组长。

（2）建立精干的施工队组并组织劳动力进场。施工队组的建立要认真考虑专业工种的合理配合，技工和普工的比例要满足劳动组织要求，确定建立混合施工队组或专业施工队组及其数量。

（3）专业施工队伍的确定。大中型工业项目或公用工程，内部的机电安装、生产设备安装一般需要专业施工队或生产厂家进行安装和调试，某些分项工程也可能需要机械化施工队伍来承担。

（4）施工队伍的教育。在施工前，企业要对施工队伍进行劳动纪律、施工质量和安全教育。平时，企业还应抓好职工、技术人员的培训和技术更新工作，不断提高职工、技术人员的业务技术水平。此外，对于采用新工艺、新结构、新材料、新技术的工程，还应将有关管理人员和操作人员组织起来培训，使其达到标准后再上岗操作。

（5）向施工队组和工人进行施工组织与技术交底。交底内容有：工程施工进度计划、月（旬）作业计划；施工组织设计，尤其是施工工艺、质量标准、安全技术措施、降低成本措施和施工验收规范的要求；新结构、新材料、新技术和新工艺的实施方案与保证措施；图纸会审中所确定的有关部位的设计变更和技术核定等事项。交底工作按项目管理系统自上而下逐级进行。交底方式有书面、口头、现场示范等。

（6）职工生产后勤保障准备。职工的衣、食、住、行、医疗、文化生活等后勤供应和保障工作，必须在施工队伍集结前做好充分的准备。

2．物资准备

（1）建筑材料准备。根据预算的工料分析，按施工进度计划的使用要求及材料储备定额和消耗定额，分别按材料名称、规格、使用时间进行汇总，编制出材料需要量计划。同时，根据不同材料的供应情况及时组织货源，签订供货合同，保证采购供应计划的准确、可靠；对于特殊材料，一定要及早提出供货计划，掌握货源和价格，保证按时供应。国外进口材料须按规定办理外汇使用和国外订货的审批手续，再通过外贸部门谈判、签约。

对于材料的运输和储备，首先为保证材料的合理动态配置，材料应按工程进度要求分期分批进行贮运；进场后的材料要严格保管，以保证材料的原有数量和原有使用价值；现场材料应按施工平面布置图的位置，按照材料的物理、化学性质合理堆放，避免材料混淆和变质、损坏，以致造成浪费。

（2）各种预制构、配件的加工准备。构、配件包括各种钢筋混凝土构件、木构件、金属构件、水泥制品、卫生洁具等。这些构、配件应在图纸会审后立即提出预制加工单，确定加工方案、供应渠道及进场后的储存地点和方式。现场预制的大型构件，应做好场地规划与底座施工，并提前加工预制。

（3）施工机具准备。根据采用的施工方案和施工进度计划，确定施工机械的类型、数量和进场时间；确定施工机具的供应方法和进场后的存放地点及方式，提出施工机具需要量计划，以便企业内平衡或向外签约租赁机械。

（4）周转材料准备。周转材料主要指模板和架设工具。此类材料施工现场使用量大，堆放场地面积大、规格多，对堆放场地的要求较高，应分规模型号整齐、合理堆放，以便使用及维修。所谓合理堆放，即要按这些周转材料的特点进行堆放。例如，各种钢模板要防雨，以免锈蚀，大模板要立放并防止倾倒。

1.3.6　施工准备工作实施要点

1．施工准备工作应有组织、有计划、分阶段、有步骤地进行

（1）建立施工准备工作的组织机构，明确相应的管理人员。

（2）编制施工准备工作计划表，保证施工准备工作按计划落实。

（3）将施工准备工作按工程的具体情况划分为开工前、地基与基础工程、主体工程、屋面与装饰装修工程等时间区段，分期、分阶段、有步骤地进行。

2．建立严格的施工准备工作责任制及相应的检查制度

由于施工准备工作项目多、范围广，因此，必须建立严格的责任制，按计划将责任落实到有关部门及个人，明确各级技术负责人在施工准备中应负的责任，使各级技术负责人认真做好施工准备工作。在施工准备工作实施过程中，应定期进行检查，可按周、半月、月度进行检查，主要检查施工准备工作计划的执行情况。

检查的方法可采用实际与计划对比法，或相关单位、人员责任制，检查施工准备的工作情况，当场分析产生问题的原因，提出解决问题的方法。

3．坚持按基本建设程序办事，严格执行开工报告制度

当施工准备工作情况达到开工条件要求时，应向监理工程师报送工程开工报审表及开工报告等有关资料，由总监理工程师签发并报建设单位后，在规定的时间内开工。

4．施工准备工作必须贯穿施工全过程

施工准备工作不仅要在开工前集中进行，而且工程开工后，也要及时、全面地做好各施工阶段的准备工作，贯穿在整个施工过程中。

5. 施工准备工作要取得各协作单位的友好支持与配合

由于施工准备工作涉及面广，因此，除施工单位自身努力做好外，还要取得建设单位、监理单位、设计单位、供应单位、银行、行政主管部门、交通运输等单位的协作，以缩短施工准备工作的时间，争取早日开工。

学习情境2　工程概况编制

【实训目的】

1. 能正确表述工程概况的组成内容；
2. 能正确描述建设项目的工程概况；
3. 能正确编制建设项目的工程概况。

任务2.1　工程概况的描述

2.1.1　建筑设计概况

（1）工程概况。工程概况主要说明工程类型、使用功能、建设目的、建设工期、质量要求、投资额以及工程建成后的地位和作用。

（2）建筑设计。建筑设计主要说明工程平面的组成、层数、层高、建筑面积、防水及防水等级、平面图、立面图、剖面图。

（3）结构设计。结构设计主要说明地基类型、基础及主体结构形式、复杂程度和抗震要求等。

（4）水、暖、电等安装工程设计。水、暖、电等安装工程设计主要说明工程中的安装系统及其专业使用功能、设计特点等。

（5）施工特点。施工特点主要说明重难点部位的施工措施。

2.1.2　建设地点特征

建设地点特征主要说明建造地点及其空间状况、气象条件及其变化状况、工程地形和工程地质条件及其变化状况、水文地质条件及其变化状况、冬期施工起止时间和土壤冻结深度等。

2.1.3　施工条件

施工条件主要说明本工程的道路交通情况、七通一平情况、施工用水用电情况及其在现场的接驳地点和市政供给量大小等。

任务2.2　工程概况的主要内容

2.2.1　工程建设概况

工程建设概况主要包括拟建工程的建设单位、工程名称、工程地理位置、性质、用途、作用和建设目的，资金来源及工程投资额，开、竣工日期，设计单位、施工单位、监理单位，施工图纸情况，施工合同，主管部门的有关文件或要求等。

2.2.2　工程设计概况

（1）建筑设计概况。建筑设计概况主要包括拟建工程的建筑面积、平面形状和平面组合情况，层数、层高、总高度、总长度和总宽度等尺寸及室内外装修的情况，并附有拟建工程的平面、立面、剖面简图。

（2）结构设计概况。结构设计概况主要包括基础构造的特点及埋置深度，设备基础的形式，桩基础的根数及深度，主体结构的类型，墙、柱、梁、板的材料及截面尺寸，预制构件的类型、重量及安装位置，楼梯构造及形式等。

（3）设备安装设计概况。设备安装设计概况主要包括建筑采暖卫生与煤气工程、建筑电气安装工程、通风与空调工程、电梯安装工程的设计要求。

2.2.3　工程施工概况

（1）施工特点。施工特点对新材料、新结构、新工艺和施工难点加以说明。

（2）施工特征。施工特征主要包括地形、地质、地下水位、水质、气温、冬雨期期限、主导风向、风力和地震烈度等。

（3）施工条件。施工条件主要包括七通一平、预制构件生产及供应情况、机具设备及劳动的落实、劳动组织方式及管理等。

任务2.3　工程概况的编制

2.3.1　工程建设概况

工程建设概况主要说明拟建工程的建设单位、工程名称、工程地理位置、性质、用途、作用和建设目的，资金来源及工程投资额，开、竣工日期，设计单位、施工单位、监理单位，施工图纸情况，施工合同情况，主管部门的有关文件或要求等。

2.3.2　建筑设计概况

建筑设计概况主要介绍拟建工程的建筑面积、平面形状和平面组合情况，层数、层高、总高、总长、总宽等尺寸及室内外装修的情况，并附有拟建工程的平面图、立面图、剖面简图。

2.3.3　结构设计概况

结构设计概况主要介绍基础的类型与埋置深度，设备基础的形式，主体结构的类型，墙、柱、梁、板的材料及截面尺寸，预制构件的类型及安装位置，楼梯构造及形式等。

2.3.4　水、电、暖等安装设计概况

水、电、暖等安装设计概况主要说明建筑采暖卫生与煤气工程、建筑电气安装工程、通风与空调工程、电梯安装工程的设计要求。

2.3.5　施工概况

施工概况主要包括工程施工特点、工程建设地点特征和施工条件等方面的内容。

（1）工程施工特点。主要介绍拟建工程施工特点和施工中关键问题、难点所在，以便突出重点、抓住关键，使施工顺利进行，提高施工单位的经济效益和管理水平。

（2）地点特征。地形、地质（不同深度的土质分析、结冰期和结冰厚）、地下水位、水质、气温、冬雨期期限、主导风向、风力和地震烈度等特征。

（3）施工条件。水通、电通、路通及场地平整的“三通一平”情况，施工现场及周围的环境情况，交通运输条件，预制构件生产及供应情况，施工单位机械、设备、劳动力的落实情况，承包方式，劳动组织形式及施工管理水平，现场临时设施、供水、供电问题的解决等。

学习情境3　施工方案编制

【实训目的】

1. 能正确表述工程项目结构分解及项目机构设置；
2. 能正确设置项目组织机构；
3. 能正确表述施工程序、施工顺序、主要施工方案的确定、施工机械设备的选择；
4. 能正确制定主要分部分项工程施工方案及选用主要施工机械设备；
5. 能独立编制施工方案。

任务3.1　施工部署

3.1.1　施工任务划分与组织安排

1. 工程项目结构分解

（1）工程项目结构分解的概念。按照系统分析的方法将由总目标和总任务定义的项目分解开来，得到不同层次的项目单元。实施这些项目单元的工作任务与活动就是工程活动。这些活动需要从各方面（质量、技术要求、实施活动的责任人、费用限制、持续时间、前提条件等）做详细的说明和定义。

（2）工程项目结构分解的步骤。

1）将项目分解成单个定义的且任务范围明确的子部分（项目）。

2）研究并确定每个子部分的特点、结构规则及其实施结果、完成它所需的活动，以作为进一步的分解。

3）将各层次的结构单元收集于检查表上，评价各层次的分解结果。

4）用系统规则将项目单元分组，构成系统结构图。

5）分析并讨论分解的完整性。

6）由决策者决定结构图并形成相应的文件。

7）建立项目的编码规则，对分解结果进行编码。

（3）工程项目结构分解的方法。工程项目结构分解没有统一的分解方法，应根据实际情况灵活选用。

1）按功能区间分解，如一个宾馆工程可以划分为客房部、娱乐部、餐饮部等。

2）按照专业要素分解，如土建工程可分为基础、主体、墙体、楼地面、屋面等；水电工程可分为水、电、卫生设施等。

3）按实施过程分解，一般可将工程项目分解为实施准备（现场准备、技术准备、采购订货、制造、供应等）、施工、试生产／验收等。

（4）工程项目结构分解的原则。

1）确保各项目单元的完整性，不能遗漏任何必要的组成部分。

2）项目分解是线性的，一个项目单元只能从属于上层项目单元，不能有交叉。

3）同一项目单元所分解出的各子单元应具备相同的性质。

4）每个项目单元应能区分不同的责任人和不同的工作内容，应有较高的整体性和独立性。

5）项目分解是工程项目计划和控制的主要对象，应为项目计划的编制和工程实施控制服务。

6）项目结构分解应有一定的弹性，当项目实施中作设计变更与计划修改时，能方便地扩展项目的范围、内容和变更项目的结构。

7）项目结构分解应详细、得当。

2．工程项目组织结构设置

在明确施工项目目标的条件下，合理安排工程项目管理组织，其目的是为了安排、划分各参与方的工作任务，建立施工现场统一的组织领导及职能部门，明确各单位之间分工与协作的关系，按任务或职位制定一套合适的职位结构，以使项目人员为实现项目目标有效地工作。

（1）施工项目经理部的结构和人员安排。施工项目经理部的组织结构可采用职能式、项目式、矩阵式等组织形式。组织结构形式和部门设置与如下因素有关：承包人的规模；同时承接项目的数量；承包人项目管理的总指导方针；本施工工程的规模；施工合同所规定的承包人的工程范围与管理责任。项目经理部的人员安排主要由施工项目的规模决定。

（2）施工项目管理的总体工作流程和制度设置。

（3）施工项目经理部各部门的责任矩阵。列责任矩阵表，横向栏目为施工项目经理部的各个职能部门，竖向栏目为施工项目管理的工作分解。施工项目管理的工作可以按照施工项目的阶段分解或按照施工管理的职能工作分解。在责任矩阵中应标明该工作的完成人、决策人、协调人等。

（4）施工项目过程中的控制、协调、总体分析与考核工作过程的规定。

3.1.2 熟悉图纸，确定施工程序

1. 遵守“先地下后地上、先土建后设备、先主体后围护、先结构后装修”的原则

（1）先地下后地上。地上工程开工之前，先把管线、线路等地下设施、土方工程和基础做完或基本做完，以免对地上部分造成干扰。

（2）先土建后设备。土建工程一般先于水、电、暖、通等建筑设备安装。

（3）先主体后围护。框架结构的房屋主体结构与围护结构要合理搭接。一般来讲，多层建筑以少搭接为宜，高层建筑应尽量搭接，以缩短工期。

（4）先结构后装修。一般来讲，在主体结构施工结束后进行装饰装修，但是为了缩短工期，也可以进行搭接。

2. 做好土建施工与设备安装施工的程序安排

（1）封闭式施工——先土建，后设备：

1）一般机械厂房：结构完→设备安装。

2）精密工业厂房：装修完→设备安装。

（2）敞开式施工——先设备，后土建：重工业（冶金，发电厂……）。

（3）设备安装与土建同时施工——能互相创造条件者。

3.1.3 划分施工阶段

1. 施工阶段划分的原则与方法

（1）以主导施工过程为依据。

（2）有利于结构整体性。

（3）各施工阶段劳动量应尽可能相等，其相差幅度不宜超过15%。

（4）各专业班组有足够的工作面及布置施工机械的可能性。

（5）施工阶段不宜过多。

（6）当房屋有层间关系，组织分段、分层施工时，应使各施工过程能够连续。

2．施工阶段划分的注意事项

（1）基础少分段。

（2）主体按主导施工过程分段。

（3）装饰以层分段或每层再分段。

（4）多层结构。

1）结构：2～3个单元为1段，每层分2～3段以上（面积小者栋号流水）；

2）外装饰：按脚手架步数分层，每层分1～2段；

3）内装饰：每单元为1段或每层分2～3段。

（5）单层工业厂房。

1）基础：按模板配置量分段；

2）构件预制：分类、分跨，考虑模板量分段；

3）吊装：按吊装方法和机械数量考虑；

4）围护结构：按墙长对称分段，与脚手架、圈梁、雨篷等配合；

5）屋面：分跨或以伸缩缝分段；

6）装饰：自上至下或分区进行。

3.1.4 确定施工的起点流向

1．单位工程施工起点流向的决定因素

（1）施工方法是确定施工起点和流向的关键因素（顺作法和逆作法）。

（2）生产工艺或使用要求。

（3）单位工程各部分的施工繁简程度。

（4）高低层或高低跨并列时，应从高低层或高低跨并列处开始施工。

（5）工程现场条件和施工机械。

（6）组织施工的分层分段（伸缩缝、沉降缝、施工缝等）。

（7）分部工程或施工阶段的特点及其相互关系。

2．装饰装修工程的一般流向

（1）室外装饰装修。装修工程竖向的施工流向比较复杂，一般室外装修可以采用自上而下的流向。

（2）室内装饰装修。室内装修可以采用“自上而下”“自下而上”和“自中而下再自上而中”三种流向。

1）“自上而下”是指主体结构封顶、屋面防水层完成后，装修工程由顶层开始逐层向下的施工流向，一般有水平向下和垂直向下两种形式，如图3.1所示。

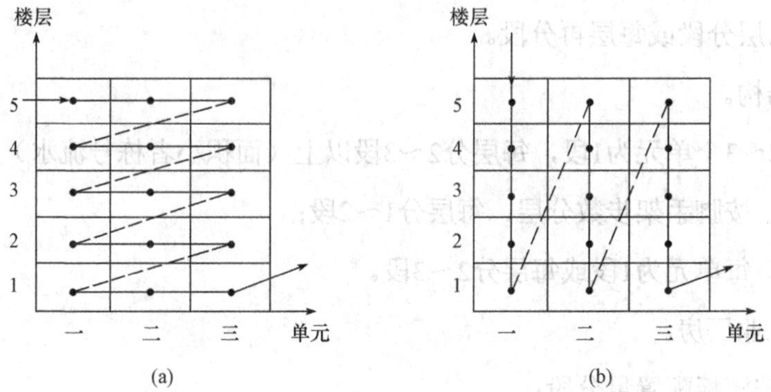

图3.1　室内装饰装修工程自上而下的流向

（a）水平向下；（b）垂直向下

2）“自下而上”是指主体结构施工到三层以上时（上有二层楼板，确保底层施工安全），装修工程从底层开始逐层向上的施工流向，一般有水平向上和垂直向上两种形式，如图3.2所示。

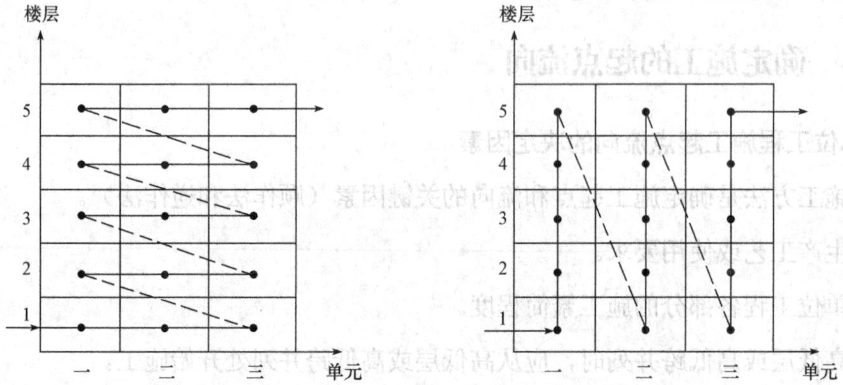

图3.2　室内装饰装修工程自下而上的流向

（a）水平向上；（b）垂直向上

3）“自中而下再自上而中”的施工流向，综合了前两种流向的优缺点。其一般适用于高层建筑的装修施工，即当裙房主体工程完工后，便可自中而下进行装修。当主楼主体工程结束后，再自上而中进行装修，如图3.3所示。

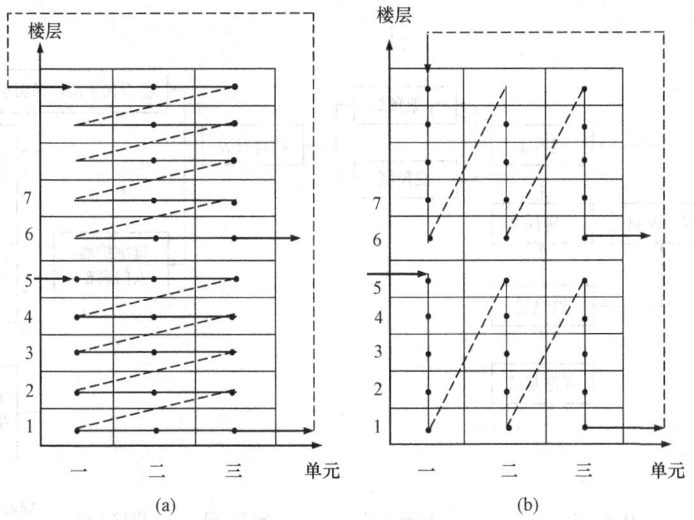

图3.3　某高层建筑装饰装修工程自中而下再自上而中的流向

（a）水平向下；（b）垂直向下

3.1.5　确定施工顺序

1．确定原则

（1）遵守施工程序。

（2）必须符合施工工艺的要求。

（3）与施工方法协调一致。

（4）符合施工组织的要求。

（5）必须考虑施工质量的要求。

（6）应考虑当地气候条件。

（7）应考虑施工安全的要求。

2．装配式单层工业厂房的施工顺序

装配式单层工业厂房的施工，一般可分为基础工程、构件预制工程、结构吊装工程、围护工程、屋面及装饰工程、设备安装工程等施工阶段。装配式单层工业厂房的施工顺序如图3.4所示。

3．多层混合结构房屋的施工顺序

多层混合结构房屋是当前用量大的建筑工程之一，尤其是住宅房屋的比重大，这种房屋施工一般可划分为基础工程、主体结构工程、屋面及装饰工程三个阶段。如图3.5所示为某四层混合结构住宅房屋的施工顺序。

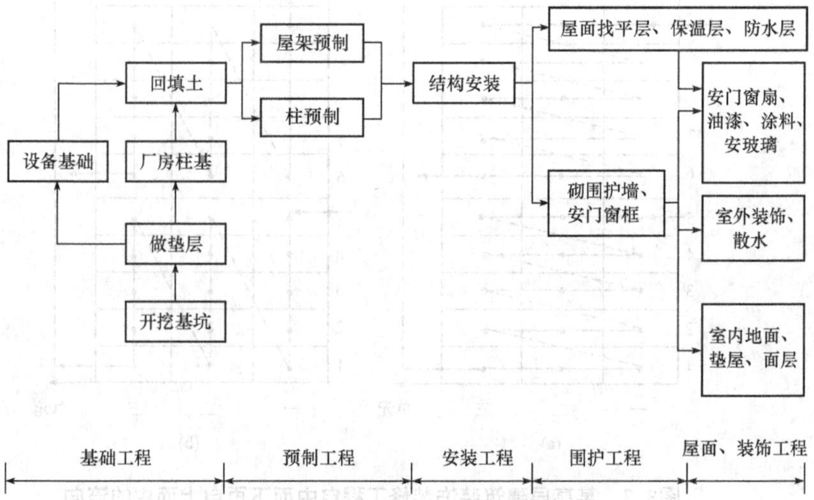

图3.4 装配式单层工业厂房的施工顺序

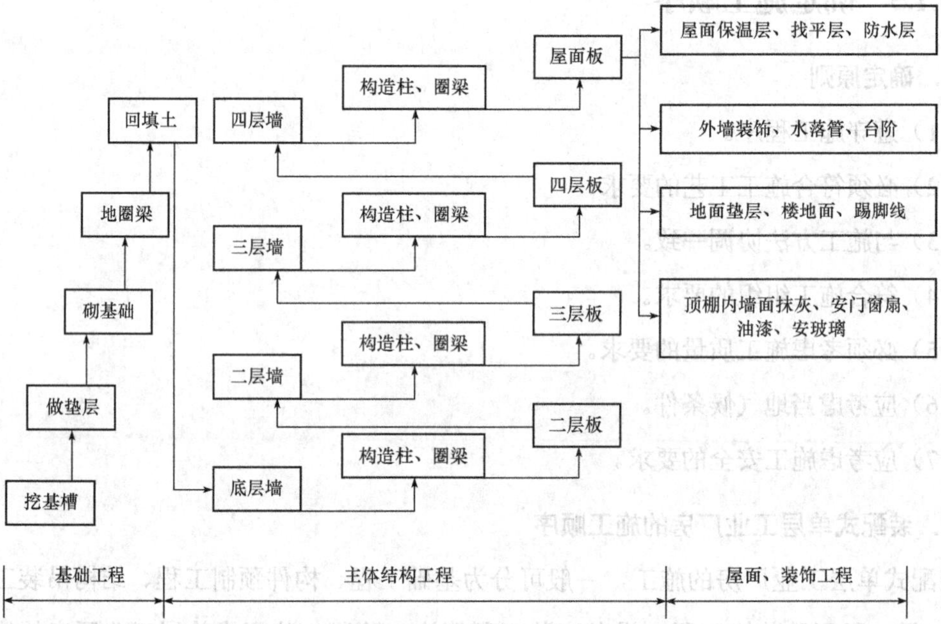

图3.5 某四层混合结构住宅房屋的施工顺序

4. 高层全现浇钢筋混凝土框架结构房屋的施工顺序

钢筋混凝土框架结构多用于多层民用房屋和工业厂房，也常用于高层建筑。这类房屋的施工，一般可划分为地下工程、主体结构工程、围护工程和装饰工程四个阶段。如图3.6所示为某高层全现浇钢筋混凝土框架结构房屋的施工顺序。

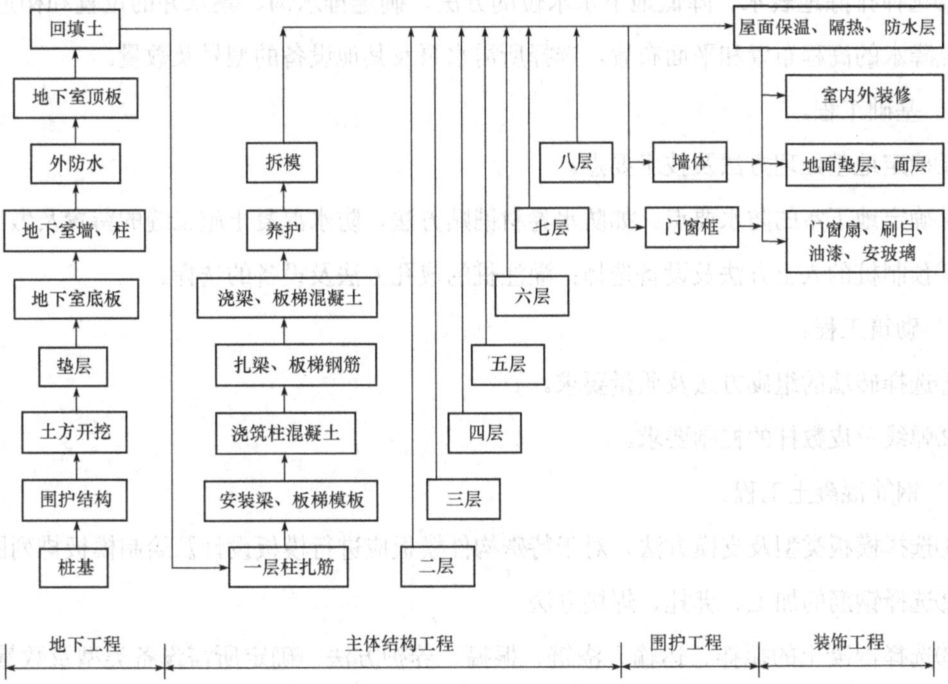

图3.6　某高层全现浇钢筋混凝土框架结构房屋的施工顺序

任务3.2　编制施工方案

3.2.1　主要施工方法和施工机械的选择

1. 主要施工方法的选择

（1）选择施工方法的基本要求。首先，应着重考虑主导施工过程的要求。其次，应符合施工组织总设计的要求；满足施工技术要求；符合提高工厂化、机械化程度的要求；符合先进、合理、可行、经济的要求；满足工期、质量、成本和安全的要求。

（2）主导施工过程施工方法选择的内容。

1）土石方工程。

①计算土石方工程量，进行土石方调配，绘制土方调配图。

②确定土方边坡坡度或土壁支撑形式。

③确定土方开挖方法或石方爆破方法，选择挖土机械或爆破机具、材料。

④选择排除地表水、降低地下水水位的方法，确定排水沟、集水井的位置和构造，确定井点降水的高程布置和平面布置，选择所需水泵及其他设备的型号及数量。

2）基础工程。

①确定地基处理方法及技术要点。

②确定地下室的防水要点。如防水卷材铺贴方法，防水混凝土施工缝的留置及做法。

③预制桩的入土方法及设备选择；灌注桩的成孔方法及设备的选择。

3）砌筑工程。

①选择砖墙的组砌方法及质量要求。

②弹线及皮数杆的控制要求。

4）钢筋混凝土工程。

①选择模板类型及支模方法，对于特殊构件模板应进行模板设计及绘制模板排列图。

②选择钢筋的加工、绑扎、焊接方法。

③选择混凝土的搅拌、运输、浇筑、振捣、养护方法，确定所需设备类型及数量，确定施工缝的留设位置及施工缝的处理方法。

④选择预应力混凝土的施工方法及其所需设备的类型和数量。

5）结构安装工程。

①选择吊装机械的种类、型号及数量。

②确定构件的预制及堆放要求，确定结构吊装方法及起重机开行路线，绘制构件平面布置及起重机开行路线图。

6）屋面工程。确定各个构造层次施工的操作要求及各种材料的使用要求。

7）装饰工程。

①确定各种装修的操作要求及方法。

②确定工艺流程和施工组织，尽可能组织结构、装修穿插施工，室内外装修交叉施工，以缩短工期。

8）现场垂直、水平运输及脚手架搭设。

①选择垂直、水平运输方式，验算起重参数，确定起重机位置或开行路线。

②确定脚手架搭设方法及安全网的挂设方法。

2．主要施工机械的选择

（1）首先选择主导工程的施工机械。

（2）各种辅助机械中，运输工具应与主导机械的生产能力协调配套，以充分发挥主导机械的效率。

（3）在同一工地上，应力求建筑机械的种类和型号尽可能少，以利于机械管理，尽量一机多能，提高机械使用率。

（4）选择机械时，应考虑充分发挥施工单位现有机械的能力。当本单位的机械能力不能满足工程需要时，则应购置或租赁新型或多用途的机械。

3.2.2 施工方案技术经济评价

1．定性分析评价

（1）工人在施工操作上的难易程度和安全可靠性。

（2）为后续工程创造有利条件的可能性。

（3）利用现有或取得施工机械的可能性。

（4）施工方案对冬、雨期施工的适应性。

（5）为现场文明施工创造有利条件的可能性。

2．定量分析评价

（1）多指标分析评价法。

1）工期指标。在确保工程质量和施工安全的条件下，以国家规定的平均工期为参考，以合同工期为目标，满足工期指标并尽可能缩短工期。

2）单位建筑面积造价。即

单位建筑面积造价（元/m^2）＝施工实际费用 / 建筑总面积

3）主要材料消耗指标。即

主要材料节约量＝预算用量－施工组织设计计划量

主要材料节约率＝（主要材料节约量 / 主要材料预算量）×100%

4）降低成本指标。即

降低成本率＝（1－计划成本/预算成本）×100%

5）投资额。当选定的施工方案需要增加新的投资（如购买新的机械设备等）时，对增加的投资额加以比较。

（2）综合指标分析评价法。当几个方案的指标互有优势时，则先分别计算各方案的各项指标，然后将各项指标的值按照一定的计算方法进行综合，得到一个指标后，再进行分析比较。

一般先根据各项指标在技术经济分析中的重要性，分别定出权值W_i，然后根据某一指标在各方案的优劣程度定出其相应分值C_{ij}，最后得出综合指标A_j。假设有m个方案和n种指标，则 j 方案的综合指标 A_j 按式（3–1）计算：

$$A_j=\sum_{i=1}^{n}C_{ij}W_i \quad (3\text{–}1)$$

式中 A_j——第 j 个方案的综合指标；

W_i——第 i 个指标的权值；

C_{ij}——第 j 个方案中第i个指标的分值；

j——$j=1，2，\cdots，m$；

i——$i=1，2，\cdots，n$。

综合指标最大者为最优方案。

学习情境4　施工进度计划编制

【实训目的】

1. 能正确表述流水施工的应用；
2. 能正确编制流水施工横道图；
3. 能正确表述网络计划图优化的选择；
4. 初步具备建筑工程施工进度计划编制的基本技能。

任务4.1　流水施工的应用

流水施工是应用流水线生产的基本原理，结合建筑安装工程的特点，科学的安排施工生产活动的一种组织形式。流水施工有哪些类型？如何表现流水施工？如何计算流水参数？如何在实际中应用流水施工？

4.1.1　流水施工简介

流水施工是工程项目组织实施的一种管理形式，是由固定组织的工人在若干个工作性质相同的施工环境中依次连续地工作的一种施工组织方法。流水施工是实现施工管理科学化的重要组成内容，是与建筑设计标准化、施工机械化等现代施工内容紧密联系、相互促进、实现企业进步的重要手段。一般情况下，施工组织方式有依次施工、平行施工、流水施工三种。依次施工的组织方式是将拟建工程项目的整个建造过程分解成若干个施工过程，按照一定的施工顺序，前一个施工过程完成后，后一个施工过程才开始施工。平行施工是指施工组织对象同时开工。

1. 流水施工的特点

（1）科学地利用工作面，争取了时间，总工期趋于合理。

（2）工作队及其工人实现了专业化生产，有利于改进操作技术，保证工程质量和提高劳动生产率。

（3）工作队及其工人能够连续作业，相邻两个专业工作队之间可实现合理搭接。

（4）每天投入的资源量较为均衡，有利于资源供应的组织工作。

（5）为现场文明施工和科学管理创造了有利条件。

2．流水施工的技术经济效果

施工进度计划是表示各项工程（单位工程、分部工程或分项工程）的施工顺序、开始和结束时间以及相互衔接关系的计划。其既是承包单位进行现场施工管理的核心指导文件，也是监理工程师实施进度控制的依据。施工进度计划通常是按工程对象编制的。

（1）施工工期较短，可以尽早发挥投资效益。由于流水施工的节奏性、连续性，可以加快各专业队的施工进度，减少时间间隔。特别是相邻专业队在开工时间上可以最大限度地进行搭接，充分地利用工作面，做到尽可能早地开始工作，从而达到缩短工期的目的，使工程尽快交付使用或投产，尽早获得经济效益和社会效益。

（2）实现专业化生产，可以提高施工技术水平和劳动生产率。由于流水施工方式建立了合理的劳动组织，使各工作队实现了专业化生产，工人连续作业，操作熟练，便于不断改进操作方法和施工机具，可以不断地提高施工技术水平和劳动生产率。

（3）连续施工，可以充分发挥施工机械和劳动力的生产效率。由于流水施工组织合理，工人连续作业，没有窝工现象，机械闲置时间少，增加了有效劳动时间，从而使施工机械和劳动力的生产效率得以充分发挥。

（4）提高工程质量，可以增加建设工程的使用寿命和节约使用过程中的维修费用。由于流水施工实现了专业化生产，工人技术水平高，而且各专业队之间紧密地搭接作业，互相监督，可以使工程质量得到提高，因而，可以延长建设工程的使用寿命，同时减少建设工程使用过程中的维修费用。

（5）降低工程成本，可以提高承包单位的经济效益。由于流水施工资源消耗均衡，便于组织资源供应，使得资源储存合理、利用充分，可以减少各种不必要的损失，节约材料费；由于流水施工生产效率高，可以节约人工费和机械使用费；由于流水施工降低了施工高峰人数，使材料、设备得到合理供应，可以减少临时设施工程费；由于流水施工工期较短，可以减少企业管理费。工程成本的降低，提高了承包单位的经济效益。

3．流水施工的分类

根据使用对象的不同，流水施工通常可分为以下四类：

（1）分项工程流水施工。分项工程流水施工也称为细部流水施工，即在一个专业工种内部组织的流水施工。在项目施工进度计划表上，它是用一条标有施工段或工作队编号的水平进度指示线段或斜向进度指示线段表示。

（2）分部工程流水施工。分部工程流水施工也称为专业流水施工，是在一个分部工程内部，各分项工程之间组织的流水施工。在项目施工进度计划表上，它用一组标有施工段或工作队编号的水平进度指示线段或斜向进度指示线段来表示。

（3）单位工程流水施工。单位工程流水施工也称为综合流水施工，是在一个单位工程内部，各分部工程之间组织的流水施工。在项目施工进度计划表上，它是用若干组分部工程的进度指示线段表示，并由此构成一张单位工程施工进度计划表。

（4）群体工程流水施工。群体工程流水施工也称为大流水施工。其是由若干单位工程之间组织的流水施工，反映在项目施工进度计划上，是一个项目施工总进度计划。

4.1.2　流水作业的基本方法

1. 划分施工段

划分施工段就是把劳动对象（工程项目）按自然形成或人为地划分成劳动量大致相等的若干段。例如，一个标段上有若干道小涵洞，可以将每一个小涵洞看作是一个施工段，这就自然形成了若干施工段。如果把一个标段的路线工程部分，划分成1 km一段，就属于人为地把劳动对象划分成了若干施工段。

2. 划分工序

划分工序就是把劳动对象（工程项目）的施工过程，划分成若干道工序或操作过程，每道工序或操作过程分别按工艺原则建立专业班组，即有几道工序，原则上就应该有几个专业施工队。

3. 确定施工顺序

确定施工顺序就是各个专业班组按照一定的施工顺序，依次、连续地由一个施工段转移到下一个施工段，不断地完成同类施工。例如，路线的施工顺序是：施工准备、施工放样、路基、路面等。各专业班组按照这样一个施工顺序，由一个施工段转移到下一个施工段，直至完成全部工程。

4. 估算流水时间

施工单位根据能达到的生产力水平和流水强度，确定流水节拍和流水步距。

5．施工过程的时间组织

为了缩短工期，提高经济效益，减少施工工人和施工机械不必要的闲置时间，本施工段上各相邻工序之间或本工序在相邻施工段之间进行作业的时间，应尽可能地相互衔接起来，即施工段之间、工序之间尽可能连续。

例：有5道涵洞，对其基础施工采用流水作业法。

分析：①5道涵洞，自然形成5个施工段；②将基础分成三道工序：施工放样、挖基坑、砌基础；③分别组成三个专业施工队，即施工放样3人、挖基坑4人、砌基础8人；④施工图流水作业施工进度图，如图4.1所示。

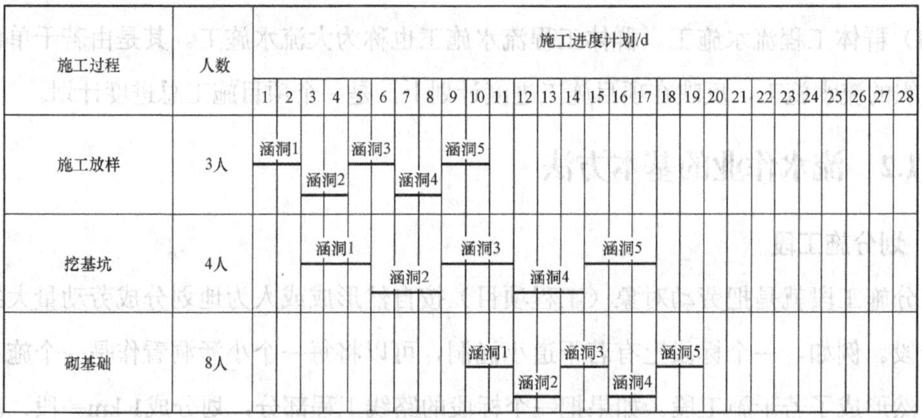

图4.1　施工图流水作业施工进度图

由图4.1可以看出，当涵洞1的施工放样工序完成后，涵洞1的挖基坑作业可以进行；同时，涵洞2的施工放样和涵洞1的挖基坑作业平行地进行施工；依此进行下去，形成流水作业。

4.1.3　流水作业法的主要参数

用流水作业法组织施工时，施工过程的连续性、均衡性和协调性，取决于一系列参数的确定，以及它们之间的相互联系，而反映这些关系的参数就称为流水参数。一般把流水作业法的参数分为工艺参数、空间参数和时间参数。

1．工艺参数

任何一项施工任务的施工，都由若干不同种类和特性的施工过程组成，每一道工序都有其特定的施工工艺。在组织流水作业时，用工序（施工过程）和流水强度这两个参数来表达流水作业施工工艺的开展顺序及特征，这些参数称为工艺参数。

（1）施工过程n。根据具体情况，把一个工程项目（分部工程）划分为若干道具有独自施工工艺特点的个别施工过程，叫作工序。例如，桥梁钻孔灌注桩工程可分为埋护筒、钻孔、灌注混凝土等；预制混凝土构件可分为钢筋组、木工组、支模板组、试验组、混凝土拌合站、混凝土运输、混凝土浇灌、混凝土振捣。工序数常用n来表示。每一道工序由一个专业班组来承担施工。

（2）流水强度v。流水强度又称为流水能力或生产能力，其是指每一施工过程（专业班组）在单位时间内所完成的工程量。

2. 空间参数

执行任何一项施工任务，都要占用一定范围的空间。在组织流水作业时，用工作面、施工段数这两个参数来表达流水作业在空间布置上所处的状态，这些参数称为空间参数。

（1）工作面。某一专业工种的工人或某种型号的机械在进行施工操作时所必须具备的活动空间称为工作面。

（2）施工段数m。施工段的概念前面已经讲过，那么，为什么要划分施工段呢？划分施工段时应注意什么呢？

划分施工段的目的：①多创造工作面，为下道工序尽早开工创造条件；②不同的工序（不同工种的专业施工队）在不同的工作面上平行作业。只有划分施工段，才能展开流水作业。

3. 时间参数

（1）流水节拍T_i。流水节拍T_i是指一道工序（作业班组）在一个施工段上的持续时间。

（2）流水步距K。流水步距K是指两道相邻的不同工序（专业班组）相继投入同一施工段开始工作的时间间隔，即开始时间之差，通常用K表示。

显然，流水展开期之后，全部施工专业队都进入流水作业（当$m>n$时），每天的各种资源需要量保持不变，各专业队每天完成相应的工作量均衡而紧凑的流水作业阶段。

（3）平行搭接时间。在工作面允许的条件下，如果前一个专业工作队完成部分施工任务后，能够提前为后一个专业工作队提供工作面，使后者进入前一个施工段，两者在同一施工段上平等搭接施工，这个搭接时间称为平行搭接时间或插入时间。通常从第一个施工专业队开始作业起，到最后一个施工专业队开始作业止，其时间间隔叫作流水展开期。

（4）技术间歇时间。在组织流水作业时，不仅要考虑专业队之间的协调配合，还应根据材料特点和工艺要求，考虑合理的工艺等待时间，这个等待时间叫作技术间歇时间。如混凝土的凝结硬化、油漆的干燥等。

（5）组织间歇时间。施工组织原因造成的间歇时间称为组织间歇。如回填土前，地下管道的检查验收、施工机械转移以及其他作业准备等工作。

任务4.2　单位工程施工进度计划的编制

单位工程进度计划是在已确定的施工方案及合理的施工顺序基础上编制的，它要符合实际的施工条件，在规定工期内，有节奏、有计划、保质保量地，以及以最少的劳动力、机械和其他资源的耗用来完成工程任务。单位工程进度计划的主要作用是控制单位工程的施工进度，是其他职能部门工作的依据。例如，材料供应和运输、预制构件及施工机械的进场时间、劳动力的调配等均按照进度计划来控制日期。因此，单位工程进度计划是工程进展的“龙头”和“指挥棒”。

一个切合实际、正确反映施工客观规律、合理安排各分部分项工程施工顺序的进度计划，是组织施工的核心。因此，在编制进度计划时，必须遵照和贯彻组织施工的各项基本原则。编制人员要积累过去工程的经验并富有预见性和创造性，还要吸收基层施工队的意见，才能编制出好的施工计划。但是，工程施工是一个十分复杂的过程，受到许多客观因素和限制条件的影响和约束。例如，气候、材料供应、设备周转以及种种难以预测的情况。即使有了最周密的进度计划，还必须在组织施工中善于使主观的计划随时适应于客观情况和条件的变化。因此，一方面，在编制进度计划时，要注意留有充分的余地，不致当施工过程中稍有变化，就陷于被动的处境；另一方面，在实施过程中要不断修改和调整进度计划。进度计划的改变和调整是正常的，目的是使进度计划永远处于最佳状态。

4.2.1　单位工程施工进度计划的编制依据

（1）工程施工图和建筑总图。图纸已会审过并要求编制人员全部掌握和熟悉建筑结构的特征。

（2）规定本单位工程的开工、竣工日期。如果本单位工程是施工组织总设计中的一个组成部分，则还要了解在施工组织总设计中对本工程的要求和限制条件。

（3）施工预算。从施工预算中可摘录各分部分项工程量数据，但有些项目可加以合并或重新组合，有些工程量应按各施工层、施工段来划分。

（4）预算定额。包括劳动定额、综合预算定额、单位估价表等。

（5）主要的分部工程施工方案。包括主要施工机械和设备的选择以及它们的装拆时间与要求。

（6）施工单位配备在本单位工程的总劳动力、各专业工种人数及各机械设备数量。

（7）了解各分包及协作单位对本工程施工进度的意见和工序搭接的要求。

4.2.2 单位工程施工进度计划的编制步骤

1．拟定工程项目

拟定工程项目是编制进度计划的首要工作，根据工程特点各有区别，按施工图和工程施工顺序逐项列出。单位工程施工进度计划是按各分部分项工程来列项目。例如，基础工程属分部工程，它的分项工程有：基础土方开挖、夯打、垫层、钢筋混凝土基础、砖基础、防潮层、回填土等，按施工图列出。土方开挖中包括的工序有：原土夯实、排除地下水、基槽支撑、运土等，这些工序不必列出，合并在土方工程中。钢筋混凝土基础分部工程包括：支模、扎筋、浇筑混凝土等施工过程，应分别列出，防潮层不必单列。因此，基础工程为5～8个项目。再例如，现场预制构件，分别列出支模、扎筋、浇筑混凝土、养护、拆模等施工过程；门窗油漆则不必细分，而合并成一个项目。单位工程进度计划的项目仅是包括现场直接在建筑物上施工的分部分项工程，不包括运输、门窗制作等项目。但是对现场就地预制的钢筋混凝土构件制作应包括在内。对于采用随运随吊的安装工程，其进度计划中应列出各类构件运输到场的进度计划。各施工层和施工段的进度不必单列项目，只要在水平进度线上加以区分和注出各层、各段的日程。对于零星的、次要的分项工程可以合并入“其他工程”，适当估算劳动力。施工准备工作在单位工程进度中不必细分。但在工程开工前，基层施工队应拟出施工准备工作的计划，以利于实施。水、暖、电、卫和设备安装等专业工程不必细分具体内容，由各专业队自行编制计划，在单位工程进度中只要表明它们与土建工程各有关部分的配合关系。

2．计算工程量

工程量计算是一项十分烦琐的工作，而且往往是重复劳动，如在工程概算、施工图预算、投标报价、施工预算等文件中均需计算工程量，故在单位工程进度中不必再重复计算，只需根据预算中的工程量总数，按各施工层和施工段施工图中的比例加以划分即可。

因为进度计划中的工程量仅是用来计算劳动量及资源需用量等，不作计算工资或工程结算的依据，故不必精确计算。计算工程量应注意以下几点：

（1）各分部分项计算工程量的单位应与所选用的定额中相应项目的单位一致。

（2）工程量计算应与相应分部分项工程的施工方法和施工规范一致。例如，基础土方量的计算，应考虑地质、挖土方法、选用的机械类别，根据施工规范来设计放坡比例或使用支撑加固。

（3）根据各施工方案中分层与施工段的划分，计算分层分段的工程量，以便组织流水作业。

（4）编制进度计划所需的工程量应与施工图预算、施工预算的工程量一致或借用以上的计算结果，按施工图所示的比例计算各分层分段工程量或作部分补充，以免重复劳动。

3．计算劳动量和施工机械台班数

根据各工程项目的工程量、施工方法、所采用的定额及施工单位以往的经验，计算各分部分项工程的所需劳动量及施工机械台班数，按下式计算：

$$\text{完成某分项工程的劳动量}=\frac{\text{某分项工程的工程量}}{\text{某分项工程的产量定额}}$$

或 $$\text{完成某分项工程的劳动量}=\text{某分项工程的工程量}\times\text{时间定额} \tag{4-1}$$

$$\text{需要机械的台班量}=\frac{\text{工程量}}{\text{机械产量定额}}$$

或 $$\text{需要机械的台班量}=\text{工程量}\times\text{机械时间定额} \tag{4-2}$$

式中　产量定额——某一定额所规定等级的工人，在单位时间内所完成合格产品的数量（单位：m^2 / 工日、m^3 / 工日、t / 工日等）；

时间定额——某一定额所规定等级的工人，为完成单位合格产品所需的时间（单位：工日 / m^2、工日 / m^3、工日 / t等）。

产量定额是时间定额的倒数。即

$$\text{产量定额}=\frac{1}{\text{时间定额}} \tag{4-3}$$

如果某分项工程是由若干个分项工程合并而成的，则应分别根据各分项工程的产量定额及工程量，计算出合并后的综合产量定额。其计算公式如下：

$$S=\frac{\sum Q_i}{\frac{Q_1}{S_1}+\frac{Q_2}{S_2}+\cdots+\frac{Q_n}{S_n}} \tag{4-4}$$

式中　S——综合产量定额；

Q_1、Q_2、…、Q_n——各个参加合并项目的工程量，$\sum Q_i = Q_1 + Q_2 + \cdots + Q_n$；

S_1、S_2、…、S_n——各个参加合并项目的产量定额。

例如，门窗油漆是由木门油漆及钢窗油漆两项合并而成的，计算综合定额的方法如下：

$$Q_1 = \text{木门面积}220\ \text{m}^2$$

$$Q_2 = \text{钢窗面积}320\ \text{m}^2$$

$$S_1 = \text{木门油漆的产量定额}8.22\ \text{m}^2/\text{工日}$$

$$S_2 = \text{钢窗油漆的产量定额}11.0\ \text{m}^2/\text{工日}$$

综合产量定额为

$$S = \frac{220 + 320}{\dfrac{220}{8.22} + \dfrac{320}{11}} = 9.67\ (\text{m}^2/\text{工日})$$

如果所拟订的施工方法是新技术或特殊的方法，目前尚未列入定额手册的，可参考类似项目的定额来估算。

4. 确定各工程项目的工作日

已计算出本单位工程各分部分项的劳动量和所需机械台班后，就可确定完成各分部工程的工作日。其是根据该分部分项工程安排专业工人班组的工人数或计划配备的机械数量，按下式计算：

$$\text{完成分部分项工程的工作日} = \frac{\text{分部分项工程的总劳动量（工日）}}{\text{分部分项工程每天安排的工人数} \times \text{每天工作班数}} \tag{4-5}$$

或

$$\text{完成分部分项工程的工作日} = \frac{\text{分部分项工程的总机械台班数（工日）}}{\text{分部分项工程施工机械数} \times \text{每天工作班数}} \tag{4-6}$$

最初计算的分项工程的工作日，要与整个单位工程的规定工期及本单位工程中各施工阶段或分部工程的控制工期相配合和协调，还要与相邻分项工程的工期及流水作业的搭接一致。如果按式（4-5）、式（4-6）计算得的工作日不符合上述要求，就需要增减工人数、机械数量及每天工作班数来调整。但是在安排工人数和机械数量时应考虑以下条件：

（1）各分项工程最合宜的工人数组合。即该分项工程正常施工所必需的劳动组合，能达到最大的劳动生产率。还要考虑到施工队原有专业工作班组的劳动组合。

（2）各分项工程最合适的工作面。要使每个专业工人都有足够的工作面，使其能发挥高效能并保证施工安全。

（3）各分项工程使用机械最合适的工作面。即根据实际施工条件和工作面可确定配备最合宜的机械数量，否则会影响机械生产率和施工安全。

5．编制施工进度计划

在完成以上计算和确定各分项工程劳动量、机械台班数、工作日、每天的工人数、机械数以及每天工作班数以后，即可编制单位工程施工进度计划。施工进度计划表见表4.1。

表4.1　施工进度计划表

<table>
<tr><th rowspan="3">项次</th><th rowspan="3">分部分项工程名称</th><th colspan="2">工程量</th><th rowspan="3">定额</th><th colspan="2">劳动量</th><th colspan="2">机械需要</th><th rowspan="3">每天工作班数</th><th rowspan="3">每班工人数</th><th rowspan="3">工作日</th><th colspan="18">进度日程</th></tr>
<tr><th rowspan="2">单位</th><th rowspan="2">数量</th><th rowspan="2">工种</th><th rowspan="2">数量/工日</th><th rowspan="2">名称</th><th rowspan="2">台班数</th><th colspan="6">月</th><th colspan="6">月</th><th colspan="6">月</th></tr>
<tr><th>5</th><th>10</th><th>15</th><th>20</th><th>25</th><th>30</th><th>5</th><th>10</th><th>15</th><th>20</th><th>25</th><th>30</th><th>5</th><th>10</th><th>15</th><th>20</th><th>25</th><th>30</th></tr>
<tr><td></td><td></td><td></td><td></td><td></td><td></td><td></td><td></td><td></td><td></td><td></td><td></td><td></td><td></td><td></td><td></td><td></td><td></td><td></td><td></td><td></td><td></td><td></td><td></td><td></td><td></td><td></td><td></td><td></td><td></td></tr>
<tr><td></td><td></td><td></td><td></td><td></td><td></td><td></td><td></td><td></td><td></td><td></td><td></td><td></td><td></td><td></td><td></td><td></td><td></td><td></td><td></td><td></td><td></td><td></td><td></td><td></td><td></td><td></td><td></td><td></td><td></td></tr>
<tr><td></td><td></td><td></td><td></td><td></td><td></td><td></td><td></td><td></td><td></td><td></td><td></td><td></td><td></td><td></td><td></td><td></td><td></td><td></td><td></td><td></td><td></td><td></td><td></td><td></td><td></td><td></td><td></td><td></td><td></td></tr>
</table>

施工进度计划由两大部分组成，左边部分是以一个分项工程为一行的数据，包括分项工程量、定额和劳动量、机械台班数、每天工作班数、每班工人数及工作日等计算数据；右边部分是相应表格左边各分项工程的指示图表，用线条形象地表现了各个分部分项工程的施工进度日程、各个工程阶段的工期和单位工程施工总工期，并且综合地反映了各个分部分项工程相互之间的关系。编制进度计划时必须考虑各分部分项工程的合理顺序，尽可能地组织流水作业，将各个施工阶段最大限度地搭接起来，并力求主要工种的专业工人能连续施工。在编排进度时，首先应分析施工对象的主导施工过程，即采用主要机械、耗费劳动力及工时最多的施工过程。例如，砖混结构房屋施工的主要施工阶段是主体结构，单层工业厂房施工的主导施工阶段是结构吊装。首先安排好主导施工过程的时间，要考虑分层分段流水，保证能连续作业，其余的施工过程则尽可能予以配合、穿插、搭接或平行作业。另外，各个施工阶段也各有其本身的主导施工过程。例如，基础阶段的浇筑混凝土、装饰阶段的抹灰等，应尽先安排。

6．检查和调整施工进度计划

各个分项工程分层分段的进度日程，在进度表右边的进度线条上分别表示。在进度计划中，要求各分部工程或各施工阶段尽可能地搭接，以缩短工程总工期。各分部工程的施工进度编排后，就可以从进度表中看出，并非是所有的分部分项工程的工期都对单位工程总工期有影响，而只有某些分部分项工程的施工时间控制整个单位工程的总工期。因此，对于与总工期不起控制作用的那些分项工程的工作日，还可以根据劳动力的平衡加以适当调整。需要特别注意的是，在水平进度计划中，每一分部分项工作进度的调整都会涉及和影响其他分部分项而受到牵制，必须要逐个检查各施工过程在工艺搭接上的合理性。

编制好进度计划的初步方案后，从以下几个方面对进度计划进行检查：

（1）各分部分项工程的工作时间和施工顺序是否合理和是否符合工艺要求；相邻施工过程之间是否留有必需的技术间歇。

（2）单位工程总工期是否满足规定工期。

（3）总劳动力、各专业工人、主要材料及施工机械等资源需用量是否均衡，施工单位的实际劳动力、设备等能否满足最高的需用量。

（4）主要施工机械是否充分利用。

通过检查，对不符合要求之处进行调整和修改，特别是工艺上的合理性、资源需用量的高峰以及本施工单位的实际条件所不能满足的需要量，其次是资源的均衡性。调整的方法，一种是调整各施工过程的时间，即延长或缩短施工进度线；另一种是调整各施工过程开始和结束的时间，即施工进度线向右或向左挪动。前面已经指出，各施工过程的进度日程不是孤立的，而是相互密切联系和制约的。只要调动一个施工过程的时间，将会涉及其他，甚至全局，因此，必须特别注意。

如果应用网络计划进行，在规定工期内达到资源有限和资源最优等优化运算，能迅速而准确地得到满足各施工过程之间正确逻辑关系的进度。应用电子计算机，同样能输出符合施工单位要求的水平进度计划及各种资源需要量计划，这就是网络计划的优点。

学习情境5　施工平面图编制

【实训目的】

1. 能正确表述施工平面图布置的内容；
2. 能正确表述施工平面图编制的原则；
3. 能正确表述施工平面图布置的基本步骤；
4. 初步具备绘制施工平面图的基本技能。

任务5.1　施工现场平面布置

单位工程施工平面图是针对单位工程的施工现场布置图，是施工组织设计的重要内容。其涉及与单位工程有关的空间问题，是施工总平面图的组成部分。合理的施工平面布置有利于顺利执行施工进度计划，减少临时设施费用，节约土地和保证现场文明施工。单位工程施工平面图一般按1：100～1：500的比例绘制。

5.1.1　施工现场平面布置的内容及原则

施工现场平面布置是指根据项目总平面布置图、施工部署方案以及施工进度计划等，在施工现场中，将拟建建筑物施工过程中所需的机械、材料加工场及堆场、临时设施等与拟建建筑物在平面上的相对位置关系进行合理、经济的确定。

施工现场平面布置的好坏对于现场施工部署的行动方案能否顺利实施具有重要的意义。同时，对于现场进行有组织、有计划的文明施工也起着关键的作用。

1．施工现场平面布置的内容

（1）根据设计图纸或现场踏勘，确定施工现场内的地形等高线、测量基准点等。

（2）根据设计图纸，确定施工现场已有或拟建建筑物在现场的平面位置及尺寸，确定施工用地的范围。

（3）确定施工现场的场内道路、水、电等接入位置，确定施工现场场内道路、临时用水、临时用电在施工现场的走向和尺寸。

（4）确定为拟建建筑物施工服务的临时设施、施工机械、各种建筑材料加工堆放场地在施工现场的平面布置及尺寸。

（5）确定取土及弃土场的位置等。

2. 施工平面图布置原则

（1）在保证施工顺利进行的前提下尽量少占施工用地。对于施工而言，少占施工用地减少了场内运输工作量和临时水、电管网，既便于管理又减少了施工成本。为减少施工场地，可采取了一些技术措施予以解决。例如，合理地计算各种材料现场的储备量，以减少仓库、堆场面积；对于可场外加工的构件，采用场外加工方式等。

（2）在保证工程顺利进行的前提下尽量减少临时设施的用量。对必须配置的临时设施，应尽量选择对大面积施工影响小的区域，布置时不要影响正常施工。临时水电系统的选择应使管网线路的长度为最短。

（3）最大限度地缩短在场内的运输距离，特别是尽可能减少场内二次搬运。为了缩短运距，各种材料必须按计划分期分批地进场，以充分利用场地。合理安排生产流程，施工机械的位置及材料、半成品等的堆场应尽量布置在使用地点附近。合理选择运输方式和铺设工地的运输道路，以保证各种材料和其他资源的运距及转运次数为最少。在同等条件下，应优先减少楼面上的水平运输工作。

（4）要符合劳动保护、技术安全和消防的要求。为了保证施工顺利进行，要求场内道路畅通，机械设备所用的管线等不得妨碍场内交通。易燃设施（如木工材料、油漆材料的仓库等）和有碍人体健康的设施应满足消防要求，并布置在空旷和下风处。施工现场平面布置除必须满足上述基本原则外，还必须结合施工现场的具体情况，考虑施工总平面图的要求和所采用的施工方法、施工进度，设计多种方案从中择优。进行比较时，一般应考虑施工用地面积、场地利用系数、场内运输量、临时设施面积、临时设施成本、各种管线用量等技术经济指标。

（5）场内外交通组织。

1）一般要求：将拟使用的临时通道作出详细设计与说明，提交业主、监理工程师批准。同时，根据施工现场情况，搭设临时设施，并设置标志、护栏、警告装置以及其他工程安全设施。

2）临时道路：可利用现有的道路作为临时道路的，在施工前应将该道路进行修整、加宽、加固及设置必要的交通标志，并经业主及监理工程师验收合格方可通行。在工程施工期间，需配备人员做好临时道路的安全疏导，以保证临时道路的正常通行。凡因施工需要而临时增加的设施在工程结束时均应拆除，并应经监理工程师检验合格。

5.1.2 施工现场平面布置的步骤和方法

单位工程施工平面图的设计步骤一般是：确定垂直运输机械的位置→确定搅拌站、仓库、材料和构件堆场、加工厂的位置→布置运输道路→布置办公、生活临时设施→布置水、电管线→调整优化计算技术经济指标。

1．垂直运输机械位置的确定

垂直运输机械的位置直接影响仓库、材料、构件、道路、搅拌站、水电线路的布置，故应首先予以考虑。由于各种垂直机械的性能不同，其布置方式也不同。

（1）固定式起重机。布置固定式垂直运输机械（如井架、桅杆式和定点式塔式起重机等），主要应根据机械的运输能力、建筑物的平面形状、四周场地的条件、施工段划分情况、最大起升载荷和运输道路等情况来确定。其目的是充分发挥起重机械的工作能力，并使地面和楼面的运输量最小且施工方便。固定式垂直运输机械布置时应注意以下几点：

1）当建筑物的各部位高度相同时，应布置在施工段的分界线附近。

2）当建筑物各部位高度不同时，应布置在高低分界线较高部位一侧。

3）井架、龙门架的位置以布置在窗口处为宜，以避免砌墙留槎和减少井架拆除后的修补工作。

4）井架、龙门架的数量要根据施工进度、垂直提升的构件和材料数量、台班工作效率等因素计算确定。

5）卷扬机的位置不应距离提升机太近，以便操作者的视线能够看到整个升降过程，一般要求此距离大于或等于建筑物的高度，水平距离应距离外脚手架3 m以上。

6）井架应立在外脚手架之外，不能与外脚手架混搭，应有一定距离。

7）当建筑物为点式高层时，固定的塔式起重机可以布置在建筑物中间，或布置在建筑物的转角处。

（2）有轨式起重机械。有轨道的塔式起重机械布置时主要取决于建筑物的平面形状、大小和周围场地的具体情况。应尽量使起重机在工作幅度内能将建筑材料和构件直接运到建筑物的任何施工地点，即以轨道两端有效行驶端点的轨距中点为圆心，以最大回转半径为半径画出两个半圆形，再连接两个半圆所形成的区域，如图5.1所示。塔式起重机布置的最佳状况是使建筑物平面不出现死角，如果出现死角（建筑物平面某处在塔式起重机范围以外的阴影部分，称为“死角”），应将起重机吊装最远构件超出服务范围的距离控制在1 m以内；否则，需采取其他辅助措施，如布置井架或在楼面进行水平转运等，使施工顺利进行。

轨道式起重机通常布置方式有单侧布置、双侧布置或环形布置等。

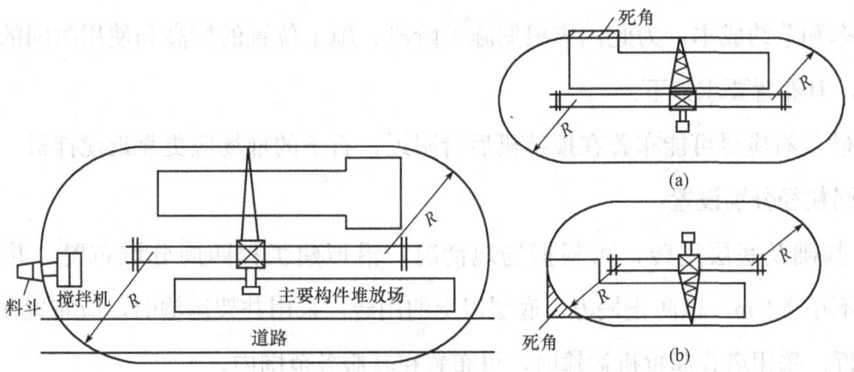

图5.1　有轨式起重机械的布置

（a）南侧布置方案；（b）北侧布置方案

（3）自行式无轨起重机械。自行式无轨起重机有履带式、轮胎式和汽车式三种。它们一般用作构件装卸的起吊构件之用，还适用于装配式单层工业厂房主体结构的吊装，其吊装的开行路线及停机位置主要取决于建筑物的平面布置、构件重量、吊装高度和吊装方法，一般不用作垂直和水平运输。

2. 混凝土、砂浆搅拌站布置

单位工程是否需要设置混凝土、砂浆搅拌站，以及搅拌机的型号、规格和数量等，一般在选择施工方案时确定。对于现浇混凝土结构施工，为了减少现场的二次搬运，现场混凝土搅拌站应布置在起重机的服务范围内，同时对搅拌站的布置要求如下：

（1）搅拌站应有后台上料的场地，要与砂石堆场、水泥库一起考虑布置，便于大宗材料的运输和装卸；应尽可能布置在垂直运输机械附近，以减少混凝土及砂浆的水平运距。

（2）搅拌站应设置在施工道路近旁，使小车、翻斗车运输方便。

（3）搅拌站的场地四周应设置排水沟，以利于清洗机械和排除污水，避免造成现场积水。

（4）混凝土搅拌台所需面积约为25 m^2，砂浆搅拌台约为15 m^2，冬期施工还应考虑保温与供热设施等，相应增加其面积。

目前，我国大部分省市颁布的地方法规规定，城市内房屋建筑混凝土施工达到一定的工程量，应采用商品混凝土，因而，现场搅拌混凝土越来越少。若施工项目使用商品混凝土，则无须考虑混凝土搅拌站布置的问题。

3．材料堆场和仓库的布置

仓库和材料堆场布置总要求是：尽量方便施工，运输距离较短，避免二次搬运，以提高生产效率和节约成本。为此，应根据施工阶段、施工位置的标高和使用时间的先后确定布置位置。其布置要求如下：

（1）砂、石应尽可能布置在搅拌机后台附近，石子的堆场应更靠近搅拌机一些，并按石子的不同粒径分别设置。

（2）基础及底层用砖，可根据场地情况，沿拟建工程四周分堆布置，并距离基坑（槽）边不小于1 m，以防止塌方。底层以上的用砖，采用井架运输时，应布置在垂直运输设备的附近。采用塔式起重机运输时，可布置在其服务范围内。

4．现场作业车间的布置

单位工程现场作业车间主要包括钢筋加工车间、木工车间、水电器材、金属结构加工车间、小型预制混凝土构件场地等，宜设置在建筑物四周稍远处，并有相应的材料及成品堆场。石灰及淋灰池可根据情况布置在砂浆搅拌机附近。沥青灶应选择较空的场地，远离易燃品仓库和堆场，并布置在下风向。

5．现场运输道路的布置

（1）按材料、构件等运输需要，沿仓库和堆场布置。

（2）应尽量利用已有道路或永久性道路。根据建筑总平面图上永久性道路位置，先修筑路基，作为临时道路。工程结束后再修筑路面，这样可节约施工时间和费用。

（3）场内尽量布置成环形道路，方便材料运输车辆的进出。当不能设置环形道路时，应在路端设置倒车场地。道路宽度要求：单行道不小于3 m，双行道不小于6 m。

（4）路基应坚实，转弯半径应符合要求。道路两侧最好设排水沟。

（5）应满足消防要求，使道路靠近易发生火灾的地方，以便车辆能直接开到消火栓处。

（6）施工道路应避开拟建工程和地下管道等地方，避免给后续施工带来困难。

6．临时设施的布置

单位工程的临时设施可分为生产性和生活性两类。生产性临时设施主要包括各种仓库、加工棚等；生活性临时设施主要包括行政管理、文化、生活、福利用房等。生活性临时设施的布置应尽量与生产性临时设施分开，不能互相干扰。临时设施应尽可能采用活动式、装拆式结构，或就地取材搭设。若现场有可利用的建筑物应尽量利用。生产性临时设施应靠近施工现场布置，生活性临时设施应遵循使用方便、有利于施工、合并搭建、保证安全的原则。

当拟建单位工程属建设项目中的一项时，大多数临时设施在施工组织总设计中已统一考虑，单位工程只需根据实际情况再添设一些小型设施；若拟建单位工程是一个独立的建设项目的，则需要全面考虑。

7. 现场水、电管网的布置

（1）现场水网布置。单位工程的现场供水管网，其供水管径可通过计算或查表选用，一般5 000～10 000 m^2建筑物，施工用水主管直径为50 mm，支管直径为15～25 mm。临时供水布置要求如下：

1）现场临时给水管，一般由建设单位提供的干管接到用水地点（砖堆、石灰池、搅拌站等）。布置时应力求管网总长度短，管径的大小和水龙头数量视工程规模大小通过计算确定，其布置形式有环形、枝形、混合式三种，一般采用枝形布置方式。

2）为了防止供水的意外中断，可在建筑物附近设置简易蓄水池。在水压不足时，则应设置高压水泵。

3）为了排除地面水和地下水，应及时修通永久性下水道，并结合现场地形在建筑物周围设置排泄地面水的集水坑等设施。

4）供水管网应按防火要求布置室外消火栓。消火栓应沿道路设置，距离建筑物外墙不应小于5 m或大于25 m，距离道路边不应大于2 m，消火栓的间距不应大于120 m。消火栓的位置应设有明显的标志，且周围3 m以内禁止堆放建筑材料。在条件允许情况下，可利用城市或建设单位的永久消防设施。

（2）现场供电设施。单位工程的现场供电线路一般也采用枝状布置，其要求如下：

1）现场供电一般采用三级配电两级保护系统。总配电箱应设置在靠近电源的地方，分配电箱设置在用电设备或负荷相对集中的地方。配电箱等在室外时，应有防雨措施，严防漏电、短路及触电事故。各种用电设备的闸刀开关应单机单闸，不允许一闸多机使用，闸刀开关的安装位置应便于操作。

2）为了维修方便，施工现场一般采用架空配电线路，尽量架设在道路的一侧，距建筑物水平距离应大于10 m，空线与地面距离应大于6 m。跨越建筑物或材料、构件堆场等临时设施时，垂直距离应不小于2.5 m。

3）现场线路应尽量保持线路水平，在低压线路中，电杆间距应为25～40 m，分支线及引入线均应由电杆处接出，不得从两杆之间接线。

4）线路应布置在起重机械的回转半径之外，否则应设置防护栏。现场机械较多时，可采用埋地电缆代替架空线，以减少互相干扰。

5）单位工程施工用电应在全工地性施工总平面图中统筹考虑，包括用电量计算、电源选择、电力系统选择和配置。若为独立的单位工程，则应根据计算的有用电量和建设单位的可提供电量决定是否选用变压器。在设置变压器时，应将施工工期与以后长期使用结合考虑，其位置应远离交通道口处，布置在现场边缘高压线接入处，其四周2 m以外应用高度大于1.7 m的钢丝网防护栏围住，并设有明显的标志，以确保安全。

任务5.2　施工平面图的绘制

在绘制单位工程施工平面图前，应先确定图幅大小和绘图比例。一般采用的比例为1：200～1：500，常用比例是1：200。施工平面图的绘制步骤如下：

（1）合理规划图面。施工平面图除反映现场的布置内容外，还应反映周围环境，如已有建筑物、场外道路等。因此，绘图时应合理规划图面，注意把拟建单位工程放在图面的中心位置，并留出一定的空余图面绘制指北针、图例及编写文字说明等。

（2）绘制建筑总平面图。将现场测量的方格网，现场内外已建的房屋、构筑物、道路和拟建工程等，按正确的图样、比例绘制在图面上。

（3）绘制现场临时设施。根据布置要求及面积计算，将道路、仓库、材料堆场、加工厂和水、电管网等临时设施绘制到图面上。对复杂的工程，必要时可采用模型布置。

（4）完成施工平面图。进行上述各项布置后，经分析、比较、调整、修改形成施工平面图，并做必要的文字说明，标上图例、比例、指北针等。平面图的绘图图例见表5.1。施工平面图的内容，应根据工程特点、工期长短、场地情况等确定。一般中小型工程只需绘制主体结构施工阶段的平面布置即可；工期较长或受场地限制的大中型工程，则应分阶段绘制施工平面图，如高层建筑可绘制基础、结构、装修等阶段的施工平面图。

表5.1 施工平面图图例

序号	名称	图例
一、地形及控制点		
1	三角点	
2	水准点	
3	原有房屋	
4	窑洞：地上、地下	
5	蒙古包	
6	坟地、有树坟地	
7	石油、盐、天然气井	
8	竖井、矩形、圆形	
9	钻孔	
10	浅探井、试坑	
11	等高线：基本的、补助的	
12	土堤、土堆	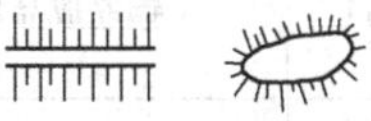
13	坑穴	
14	断岩（2.2为断崖高度）	
15	滑坡	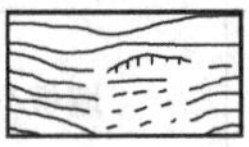
16	树林	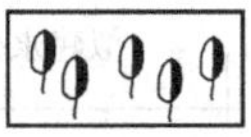
17	竹林	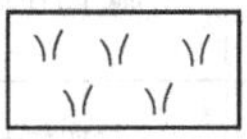
18	耕地：稻田、旱地	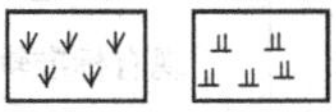
二、建筑、构筑物		
1	拟建正式房屋	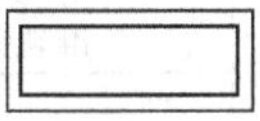
2	施工期间利用的拟建正式房屋	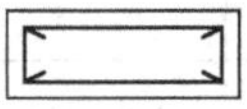
3	将来拟建正式房屋	
4	临时房屋：密闭式 敞棚式	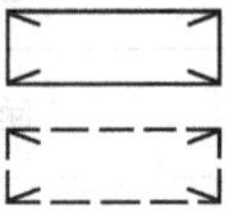
5	拟建的各种材料围墙	
6	临时围墙	
7	建筑工地界线	
8	工地内的分区线	
9	烟囱	
10	水塔	
11	房角坐标	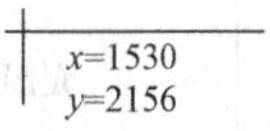
12	室内地面水平标高	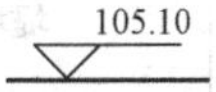
三、交通运输		
1	现有永久公路	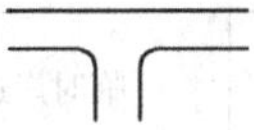

续表

序号	名称	图例
2	拟建永久道路	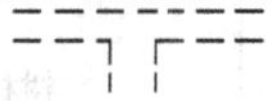
3	施工用临时道路	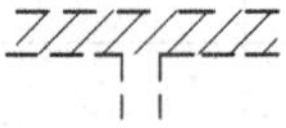
4	现有大车道	
5	现有标准轨铁路	
6	拟建标准轨铁路	
7	施工期间利用的拟建标准轨铁路	
8	现有的窄轨铁路	
9	施工用临时窄轨铁路	
10	转车盘	
11	道口	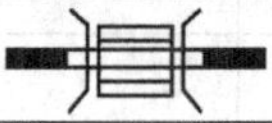
12	涵洞	
13	桥梁	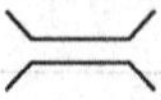
14	铁路车站	
15	索道（走线滑子）	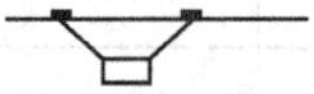
16	水系流向	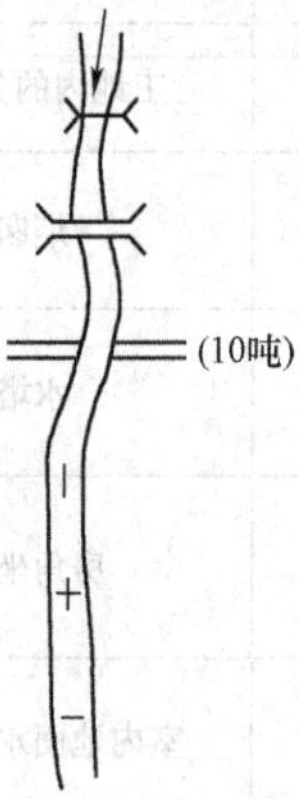
17	人行桥	
18	车行桥	
19	渡口	
20	码头 顺岸式 趸船式 堤坝式	
21	船只停泊场	
22	临时岸边码头	

序号	名称	图例
23	桩式码头	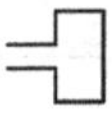
24	趸船码头	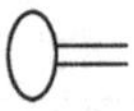
	四、材料、构件堆场	
1	临时露天堆场	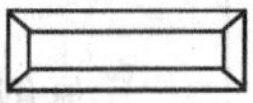
2	施工期间利用的永久堆场	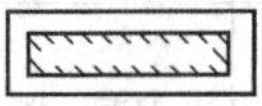
3	土堆	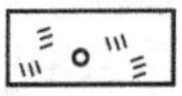
4	砂堆	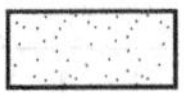
5	砾石、碎石堆	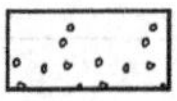
6	块石堆	
7	砖堆	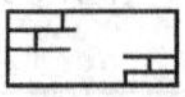
8	钢筋堆场	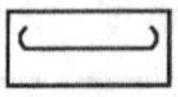
9	型钢堆场	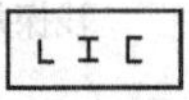
10	铁管堆场	
11	钢筋成品场	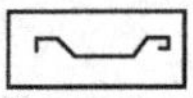
12	钢结构场	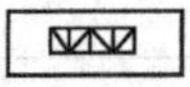
13	屋面板存放场	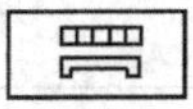
14	砌块存放场	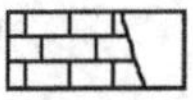
15	墙板存放场	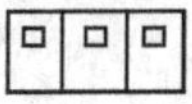

续表

序号	名称	图例
16	一般构件存放场	
17	原木堆场	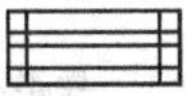
18	锯材堆场	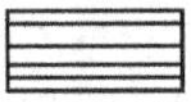
19	细木成品场	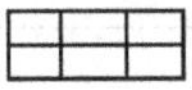
20	粗木成品场	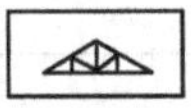
21	矿渣、灰渣堆场	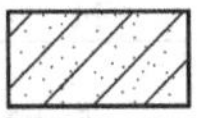
22	废料堆场	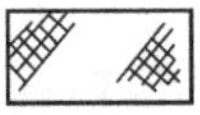
23	脚手架、模板堆场	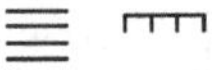
五、动力设施		
1	临时水塔	
2	临时水池	
3	贮水池	
4	永久井	
5	临时井	
6	加压站	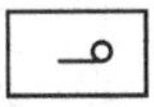
7	原有的水上管线	
8	临时给水管线	——S——S——
9	给水阀门（水嘴）	——⋈——
10	支管接管位置	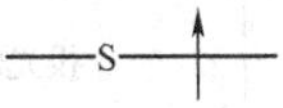
11	消火栓（原有）	
12	消火栓（临时）	
13	消火栓	
14	原有上下水井	
15	拟建上下水井	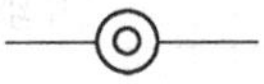
16	临时上下水井	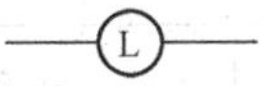
17	原有的排水管线	——I——I——
18	临时排水管线	——P——
19	临时排水沟	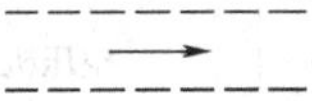
20	原有化粪池	
21	拟建化粪池	
22	水源	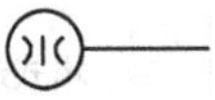
23	电源	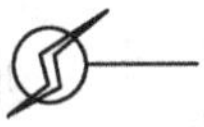
24	总降压变电站	
25	发电站	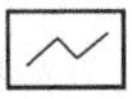
26	变电站	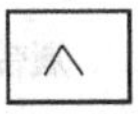
27	变压器	

序号	名称	图例
28	投光灯	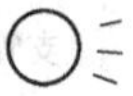
29	电杆	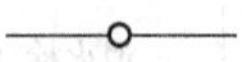
30	现有高压6kV线路	—— WW_6 —— WW_6 ——
31	施工期间利用的永久高压6kV线路	—— LWW_6 —— LWW_6 ——
32	临时高压3～5kV线路	—— $W_{3.5}$ —— $W_{3.5}$ ——
33	现有低压线路	—— VV —— VV ——
34	施工期间利用的永久低压线路	— LVV —— LVV ——
35	临时低压线路	—— V —— V ——
36	电话线	——·O·——·O·——
37	现有暖气管道	═══ T ═══ T ═══
38	临时暖气管道	—— Z ——
39	空压机站	
40	临时压缩空气管道	—— VS ——
	六、施工机械	
1	塔轨	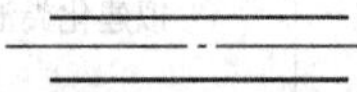
2	塔式起重机	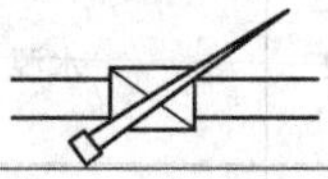
3	井架	
4	门架	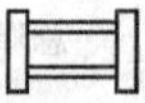
5	卷扬机	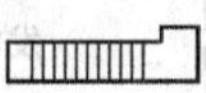
6	履带式起重机	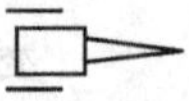
7	汽车式起重机	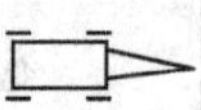
8	缆式起重机	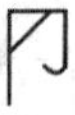
9	铁路式起重机	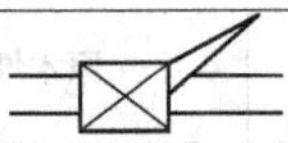
10	皮带运输机	
11	外用电梯	
12	少先吊	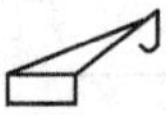
13	挖土机：正铲	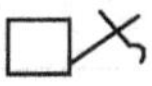
	反铲	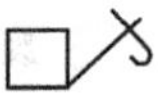
	抓铲	
	拉铲	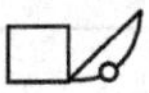
14	多斗挖土机	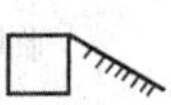
15	推土机	
16	铲运机	
17	混凝土搅拌机	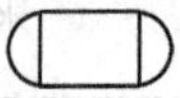
18	灰浆搅拌机	
19	洗石机	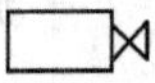
20	打桩机	
21	水泵	
22	圆锯	

续表

序号	名称	图例	序号	名称	图例
七、其他			3	淋灰池	
1	脚手架	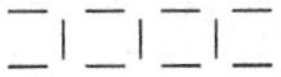	4	沥青锅	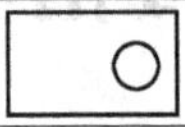
2	壁板插放架		5	避雷针	

学习情境6　技术组织措施及技术经济分析编制

【实训目的】

1. 从施工组织管理角度看，科学地组织与管理施工过程中的资源，可降低施工成本；

2. 从施工技术角度看，它使技术要求更深化、更具体，从而保证工程质量和施工安全；

3. 施工技术组织措施得力，可加快施工进度、保证合同工期；

4. 施工技术组织措施使参加项目施工的全体人员的施工行为标准化、程序化、规范化；

5. 明确项目各个层次人员的岗位责任，使项目的领导、管理人员及第一线职工有明确的目标；

6. 更好地落实施工组织设计的要求，使项目全员按施工组织设计的要求实施，保证项目始终按施工组织设计的要求和规定去做。

任务6.1　保证进度目标的措施

6.1.1　做好施工准备

在施工项目开工前，应熟悉和审查施工图及有关技术文件，编制实施性施工组织设计，落实重大施工方案，尽可能提前做好各项准备工作，对各种有利、不利因素应充分予以估计，做好并按施工计划尽早开工，特别是配置较强的施工技术人员和施工机械设备、材料等务必限期到位。

6.1.2　保证工期的组织措施

建立施工进度控制的组织体系，有效的组织体系是施工计划正确实施的前提。

（1）由项目经理统一指挥土建、安装各公司及专业工种之间的施工、协调、调度工作，并以各专业工种的负责人为骨干组建进度控制的组织系统，对每层结构层的流水段确定进度目标，建立目标体系，并确定进度控制工作制度，及时对影响进度的因素分析、预测、反馈，以便提出改进措施和方案，建立一套贯彻、检查、调整的程序。

（2）组建精干高效的两级项目班子，确保指令畅通。

（3）做好施工配合及前期施工准备工作，拟定施工准备计划，专人逐项落实，确保后勤保障工作的高质、高效。

（4）在管理制度上合理安排施工进度计划，紧抓关键工序，用非关键工序调整劳动力的生产平衡。

（5）定期召开生产碰头会、生产例会、质量例会、质量分析会，及时预控或解决工程施工中出现的进度、质量等问题，为下一步生产工作提前做好准备，使各专业队伍有条不紊地按总体计划进行。

6.1.3 保证工期的技术措施

1．优化施工方案

（1）首先组织工程技术人员和作业班长熟悉施工图纸，优化施工方案，为快速施工创造条件；制定各分部分项工程的施工工艺及技术保障措施，提前做好一切施工技术准备工作，保证严格按审定的进度计划实施。

（2）积极引进、采用有利于保证质量，加快进度的新技术、新工艺，保证进度目标实现。

（3）落实施工方案，在发生问题时，及时与甲方沟通，根据现场实际，寻求妥善的处理方法，遇事不拖延，及时解决，加快施工进度。

（4）建立准确可靠的现场质量监督网络，加强质检控制，保证施工质量，做好成品保护措施，减少不必要的返工、返修，以质量保工期，加快施工进度。

（5）施工班组人员多，所以，每道工序施工前必须做好技术交底，制定详细的施工方案，保证各工序顺畅衔接，减少窝工，提高工效。

（6）针对交叉作业多的情况，施工中统筹安排，合理安排工序之间的流水与搭接。

（7）实行进度计划的有效动态管理控制并适时调整，使周、月计划更具有现实性。以工程总体进度网络为纲，编制各施工阶段详细的实施计划，包括月度计划、周计划，明确时间要求，据此向各作业队、班组下达任务。在安排施工进度时，各分部分项工程工作安排将根据实际情况，分别予以提前5%~10%，以确保工期目标的实现。并根据不同施工阶段及专业特点，把握施工周期中关键线路，决不允许关键线路上的工作事件被延误，对于非关键线路的工作，则可合理利用时差，在工作完成日期适当调整不影响计划工期的前提下，灵活安排施工机械和劳动力流水施工。做到重点突出，兼顾全局，紧张有序，忙而不乱。

2. 加强技术管理，为项目的顺利实施提供技术保证

（1）保证技术管理力量，建立技术管理体系。

（2）完善各项技术管理制度，在工程实施中严格执行。

（3）引进竞争机制，选用高素质的施工队伍，并采取经济奖罚手段，加大合同管理力度，确保工程的进度和质量要求。例如，可通过网络计划控制该工程进度，分阶段对各专业施工队伍进行考核，如达到阶段进度目标，给予相应经济奖励；若达不到阶段进度目标，按所承担工程量的5%进行处罚。连续三次达不到阶段进度目标，将其勒令退场。

6.1.4 合同措施

（1）推行CM承发包模式。

（2）公正地处理工程索赔。

任务6.2 保证质量目标的措施

保证质量目标的有关措施如下：

（1）做好技术交底工作，严格执行现行施工及验收规范，按质量检验评定标准对工程质量检测验收。

（2）施工中坚持严防为主的原则，对每个分项工程施工前都必须制定相应的预防措施，进行质量交底，做出样板，经验收达到优良标准后再全面开展施工。

（3）加强现场技术管理工作，对工程质量进行动态控制，严格按照质量控制程序进行质量控制。

（4）在施工中坚持“三检制”和“隐蔽工程验收制”，上道工序未经检验合格，决不允许下道工序施工。

（5）建立工程质量奖罚制度，每周组织一次评比，对工程质量好的进行奖励，对工程质量差的进行处罚。

任务6.3　保证安全目标的措施

保证安全目标的技术措施如下：

（1）实行三级安全生产教育，建立安全生产责任制。

（2）施工前要做好安全交底，进入施工现场必须戴好安全帽。

（3）施工现场悬挂各种安全标志牌，随时提醒工人注意安全。

（4）坚持预防为主，对安全事故处理按“四不放过”的原则办理。

（5）严格按照《建筑施工安全检查标准》所规定的要求对施工现场进行安全检查，并做好记录。

（6）做好雨期施工的安全教育，使员工掌握防雷电、防滑知识。

任务6.4　保证成本目标的措施

（1）在材料采购时“货比三家”，通过对供方的调查与评价，选择优质低价的分供方，以节约资金。

（2）利用公司自有设备，节约租赁费用。

（3）材料到场时安排专职人员严格把关，做好计量和验收工作，材料进场后按总平面图的布置，整齐码放在相应位置，避免造成人为破损，同时，也减少二次搬运的费用。

（4）严格执行材料计划。建筑材料的领用和发放，按材料计划中的数量，严格执行限量领料，贯彻“节约有奖，浪费有罚”的原则。施工中应密切注意现场进料情况，防止损坏丢失。

（5）混凝土施工前加强混凝土用量计算。对所施工的部位及用量做准确的调查和计算；在混凝土浇筑接近完成前，由专人对现场所需混凝土用量再次进行核算，以尽最大可能避免混凝土用量不足或过多。

（6）钢筋放样工作由专人负责。钢筋下料单经技术负责人审批后方可进行成批下料。钢筋配料应根据配料单集中配料，合理利用钢筋，避免长料短用。除钢筋加工人员外，其他工种使用钢筋时，均需进行计划并由项目部副经理审批签字后方可使用。各种预埋、预留所使用的钢筋全部使用下脚料进行加工。

（7）加快模板周转。在混凝土中掺入早强剂，并采用早拆体系，提高支撑及模板的周转次数，缩短模板循环周期，减少模板租赁费。

（8）加强材料的回收和再利用。在施工生产中，对落地灰及时收集利用，减少材料浪费。

（9）提高质量，避免返工浪费。严格控制结构轴线尺寸、洞口位置尺寸、楼层标高和墙柱垂直度，避免剔凿，造成返工浪费。

（10）本着少而精的原则配备项目管理人员，选择技术过硬的施工队伍，节约劳动力。

任务6.5　保证雨期施工目标的措施

6.5.1　雨期施工措施一

根据雨期施工的特点区分轻重缓急，将不适用于雨期施工的项目拖后或移前。如工程时间紧，必须赶在雨期进行，提前做好施工场地准备和针对性的保证措施，以采取集中突击完成。同时，对于雨期施工工程，还应考虑既不影响工程的顺利进行，又不过多增大雨期施工费用，加大工程成本。

6.5.2　雨期施工措施二

在施工部署上根据晴、雨、内、外相结合的原则，晴天多搞室外，雨天多搞室内，尽量缩短雨天露天作业时间，缩小雨天露天作业面以及采取集中资源突击作业的方针。尽可能地采取分段、分部位突击施工的方法，例如，将基础工程加快速度，突击抢出地面，避免倒灌和塌方，对已完成结构的工程突击将屋面防水做完，将水落管安上或采取至少铺一层防水的做法，对停工工程要停到一定部位等。

6.5.3　雨期施工措施三

根据工程特点，将生产计划同雨期施工结合起来，考虑一定的劳动力，安排一定的作业时间，做好雨期施工期间工程材料的准备工作。

6.5.4 雨期施工措施四

加强技术管理和安全工作，定期组织雨期施工技术交底和检查，积极督促做好有关工作。

任务6.6 保证环境保护目标的措施

6.6.1 防止扰民与污染

（1）在工程开工前，编制详细的施工区和生活区的环境保护措施计划，报监理工程师审批后实施。施工方案尽可能减少对环境产生不利影响。

（2）与施工区域附近的居民和团体建立良好的关系。对受噪声污染的，事前通知，随时通报施工进展，并设立投诉热线电话。

（3）采取合理的预防措施避免扰民施工作业，以防止公害的产生。

（4）采取一切必要的手段防止运输的物料进入场区道路和河道，并安排专人及时清理。

（5）对施工活动引起的污染，采取有效的措施加以控制。

6.6.2 搞好空气质量的保护

（1）在机械车辆使用过程中，加强维修和保养，防止汽油、柴油、机油的泄露，保证进气、排气系统畅通。

（2）运输车辆及施工机械，使用0#柴油和无铅汽油等优质燃料，减少有毒、有害气体的排放量。

（3）采取一切措施尽可能防止运输车辆将砂石、混凝土、石渣等撒落在施工道路及工区场地上，安排专人及时进行清扫。场内施工道路保持路面平整，排水畅通，并经常检查、维护及保养。配置2台洒水车，晴天洒水除尘，道路每天洒水不少于4次，施工现场不少于2次。

（4）不在施工区内焚烧会产生有毒或恶臭气体的物质。因工作需要时，报请当地环境行政主管部门同意，采取防治措施，在监理工程师监督下实施。

（5）运输可能产生粉尘物料的车厢两侧和尾部配备挡板，控制物料的堆高不超过挡板，并用干净的雨布覆盖。

（6）在现场安装冲洗车轮设施并冲洗工地的车辆，确保工地的车辆不把泥巴、碎屑及粉尘等类似物体带到公共道路路面及施工场地上，在冲洗设施和公共道路之间设置一段过渡的硬地路面。

6.6.3 加强水质保护

（1）施工场地修建截排水沟、沉砂池，减少泥砂和废渣进入江河。施工前制定施工措施，做到有组织排水。土石方开挖施工过程中，保护开挖邻近建筑物和边坡的稳定。

（2）施工机械、车辆定时集中清洗。清洗水经集水池沉淀处理后再向外排放。

（3）生产、生活污水采取治理措施。对生产污水按要求设置水沟塞、挡板、沉砂池等净化设施，保证排水达标。生活污水先经化粪池发酵杀菌后，按规定集中处理或由专用管道输送到无危害水域。

（4）每月对排放的污水监测一次，发现排放污水超标，或排污造成水域功能受到实质性影响，立即采取必要治理措施进行纠正处理。

6.6.4 加强噪声控制

（1）加强交通噪声的控制和管理。合理安排运输时间，避免车辆噪声污染对敏感区影响。合理布置混凝土及砂浆搅拌机等机械的位置，尽量远离居民区。

（2）调整施工时段。晚间控制高噪声机械的设备运行、作业，空压机、混凝土拌合机等噪声较大的施工机械设备操作人员实行轮班制，控制工作时间；并为机械设备操作人员配发噪声防护用品。

（3）选用低噪声设备，加强机械设备的维护和保养，降低施工噪声。

（4）进入生活营地和其他非施工作业区的车辆，不使用高音和怪音喇叭；广播宣传、音响设备合理安排时间，不影响公众办公、学习和休息。

（5）电磁辐射污染防治按国家的相关规定执行。

6.6.5 弃渣和固体废弃物处理

（1）施工弃渣和固体废弃物以《固体废弃物污染环境防治法》为依据，按设计和合同文件要求送至指定弃渣场。

（2）做好弃渣场的综合治理，按照设计要求采取工程保护措施，避免边坡失稳和弃渣流失。

（3）保持施工区和生活区的环境卫生，在施工区和生活营地设置足够数量的临时垃圾贮存设施，防止垃圾流失，定期将垃圾送至指定垃圾场，按要求进行覆土填埋。

（4）遇有含铅、铬、砷、汞、氰、硫、铜、病原体等有害成分的废渣，报请当地环保部门批准，并在环保人员和监理工程师指导下进行处理。

（5）保持施工区和生活区的环境卫生，在施工区和生活区设置足够数量的临时卫生设施，定时清除垃圾，并将其运至指定地点堆放或掩埋、焚烧处理。

（6）做好弃渣场的治理措施，按照监理工程师批准的弃渣规划，有序地堆放和利用弃渣，完善渣场地表截排水规划措施，设置挡土墙，确保开挖和渣场边坡稳定，防止任意倒放弃渣降低河道的泄洪能力，以及影响其他承包人的施工和危及下游居民的安全。

学习情境7　单位工程施工组织设计案例

【实训目的】

1. 能正确表述工程概况内容；
2. 能正确表述施工方案编制以及施工方案的重要性；
3. 能正确表述施工进度计划编制的基本步骤；
4. 能正确表述施工平面图编制；
5. 初步具备编制单位工程施工组织设计的基本技能。

任务7.1　某农贸大厦施工组织设计概况

7.1.1　工程特点

（1）工程建设概况。某农贸大厦是由某建设单位投资兴建，设计单位为某建筑设计院，勘察单位为某工程地质勘察院，监理单位为某工程建设监理公司，施工单位为某建筑工程公司。该工程建筑面积为30 897.39 m^2，五层现浇钢筋混凝土框架结构。建筑物长为1 086 m，宽为64.8 m，层高分别为：一层5.84 m，二～四层4.6 m，五层3.7 m。该工程一～四层为商场，五层设有歌厅、舞厅、酒吧和餐厅。该工程施工合同工期为17个月，计划某年3月底开工至次年8月底竣工。施工合同要求工程施工质量达到国家建筑工程施工质量验收规范规定的合格验收标准。该工程建成后，商场将全部对外销售或租用。

（2）建筑设计特点。该工程外墙为400 mm厚的加气混凝土块与红砖复合墙体，钢窗、铝合金门、木门；彩色水磨石地面，预制彩色水磨石踢脚板、窗台板，铝合金龙骨吊顶顶棚（装饰石膏板面层），墙面为混合砂浆刮腻子刷白色丙烯酸内墙涂料；厕所为白色马赛克地面，墙面为白色瓷砖，高1 800 mm外装饰为灰白色200 mm×100 mm麻面外墙瓷砖，浅灰色磨光花岗岩勒脚，外门侧墙、柱装饰为红色磨光花岗石；室内设三部电梯，三部楼梯；屋面为热融油毡二道，上铺预制混凝土方块砖，采用有组织室内排水。

（3）结构设计特点。该工程为现浇钢筋混凝土框架结构，抗震设计按地震烈度为7度设防，桩基为静压预制混凝土桩，单桩承载力为2 000 kN，现浇柱、梁板、楼梯，柱网间距为7 200 mm。

（4）水、暖设计特点。

1）本工程采暖系统采用铸铁、四柱813型散热器，为水平串联式，系统总耗热量为2 920 kW，系统总阻力损失为0.28 MPa，热媒为70℃～95℃低温热水，热源由原锅炉房引入。

2）热风系统采用高压蒸汽作为热媒，热源压力为0.2 MPa，由新建锅炉房引入。

3）室内给水由小区集中供给，日用水量为225 t/h，设计秒流量为9.2 L/s，管材采用镀锌钢管。

4）室内排水分为污水和雨水。污水系统管材采用铸铁管及配件，用水泥打口，室内雨水系统在±0.000 m以上采用焊接钢管，±0.000 m以下采用铸铁管，与污水一起排出室外。

5）室内消防系统分为室内消火栓系统、自动喷淋灭火系统和水幕消防系统。室内消火栓系统用水量为15 L/s；自动喷水系统用水量为20 L/s；水幕系统用水量为52.8 L/s；消防水泵接合器用水量为15 L/s。自动喷水系统管材采用镀锌钢管及配件；消火栓系统和水幕系统采用焊接钢管。

（5）电气设计特点。在大厦室内变电所低压配电室向本楼负荷做放射式供电，另由大厦附近的变电所引来一路低压（380 V/220 V）作为本大厦的备用电源。电源总干线、电力干线采用镀锌钢管，火灾报警、消防管路全部采用镀锌钢管，其余采用PVC电线管，分为明配和暗配，沿地墙、顶棚铺设。变电所内开关柜落地安装，其他照明、动力配电箱中心距地1.8 m，分明装和暗装。照明灯具分配情况是：营业厅为双管日光灯吸顶安装，楼前室和五楼走廊为组合吸顶灯和方形吸顶灯，办公室为单、双管日光灯吊链安装，防雷采用避雷网与柱内两根主筋焊接，在各引入点距地1.5 m处做断接卡子。在距离墙（外墙）3 m处做一环形接地网，与变压器中性点接地，共用同一接地装置。

（6）工程施工特点。

1）因施工场地较狭窄，所需建筑材料及构配件在施工过程中需二次搬运。

2）由于该工程要求质量高、进度快，在施工过程中将发生的预算外费用：模板一次投入量大，超出了定额的规定；人力投入多，有时可能造成停工、窝工现象；为缩短工期，混凝土需掺加早强剂，以加快模板的周转；机械投入多；场地房屋搬迁不及时，造成停工，以致工期顺延；管理人员增加；夜间施工的照明、施工人员、临时设备增多，夜间降效等。

7.1.2 水源、电源情况

（1）水源。由城市自来水管网引入。

（2）电源。由附近变电室引入。

任务7.2 施工组织策划

7.2.1 工程项目施工目标

（1）质量目标。

1）合同文件质量要求：达到国家合格标准。

2）项目部质量目标：确保某市优良工程。

（2）工期目标。

1）合同文件工期要求为16个月。

2）项目部工期目标：通过合理部署，采用“四新”技术等措施，努力缩短施工工期，计划工期为395日历天。

（3）安全目标。加强对进场人员的三级教育，坚持持证上岗，各种安全防护用品符合要求，杜绝重大伤亡事故，轻伤事故频率控制在5‰以内，工地安全检查合格率为100%，优良率为80%。

（4）文明施工目标。按照本公司及某市文明施工要求进行布置，争创某城市文明工地。

（5）成本目标。通过科学组织，严格管理，依靠科技进步，应用新技术、新工艺、新材料、新设备，实现直接工程费利润为2%。

7.2.2 组建工程项目经理部

（1）工程项目组织机构。工程项目组织机构如图7.1所示。

（2）各级管理人员岗位职责（略）。

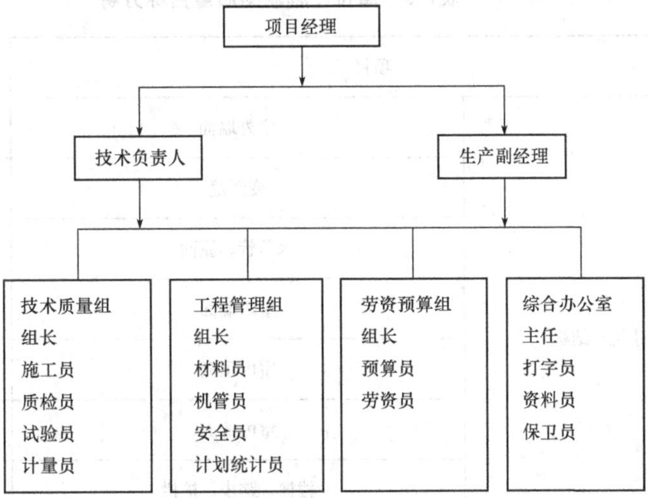

图7.1　工程项目组织机构图

7.2.3　项目质量管理策划

（1）质量目标及质量目标的分解。本工程按施工合同的要求，工程质量等级达到某市优良工程标准，故对本工程的分部工程质量和观感质量进行目标分解。分部工程质量目标分解见表7.1。单位工程观感质量目标分解见表7.2。

表7.1　分部工程质量目标分解

序号	分部工程名称	质量目标	检验批划分
1	地基与基础	合格	各分项工程均按一个检验批
2	主体	优良	各分项工程按楼层划分检验批
3	建筑装饰装修	优良	各分项工程按楼层划分检验批
4	建筑屋面	优良	各分项工程均按一个检验批
5	建筑给水排水	合格	按系统或楼层划分检验批
6	建筑电气	优良	按系统或楼层划分检验批
7	智能建筑	合格	按系统划分检验批
8	建筑通风与空调	合格	按系统划分检验批
9	电梯	优良	每部电梯的各分项工程作为一个检验批

表7.2　单位工程观感质量目标分解

序号	项目		质量目标
1	建筑与结构	室外墙面	好
2		变形缝	一般
3		水落管、屋面	好
4		室内墙面	好
5		室内顶棚	好
6		室内地面	好
7		楼梯、踏步、护栏	一般
8		门窗	一般
1	给水排水与采暖	管道接口、坡度、支架	好
2		卫生器具、支架、阀门	好
3		检查口、扫除口、地漏	一般
1	建筑电气	配电箱、盘、板、接线盒	好
2		设备器具、开关、插座	一般
3		防雷、接地	好
1	建筑通风与空调	风管、支架	好
2		风口、风阀	好
3		风机、空调设备	一般
4		阀门、支架	好
5		水泵、冷却塔	一般
6		绝热	好
1	电梯	运行、平层、开关门	好
2		层门、信号系统	好
3		机房	好
1	智能建筑	机房设备安装与布置	好
2		现场设备安装	好

（2）工程试验、检验计划。

1）材料检验：钢筋原材料按同种品牌、同规格的同一批号钢筋不超过60 t为一批，水泥200 t为一批，防水涂料每10 t为一批，防水卷材每1 500卷为一批。

2）混凝土取样计划见表7.3。

表7.3 混凝土取样计划表

部位		混凝土强度等级	取样数量	常规检测	同条件试块	拆模试块	见证检验
基础		C30	10	8	2	—	4
一层	框架柱	C40	8	6	2	—	3
	梁板	C30	11	8	2	1	4
二层	框架柱	C40	8	6	2	—	3
	梁板	C30	11	8	2	1	3
三层	框架柱	C30	8	6	2	—	3
	梁板	C30	11	8	2	1	4
四层	框架柱	C25	8	6	2	—	3
	梁板	C25	11	8	2	1	4
五层	框架柱	C25	8	6	2	—	3
	梁板	C25	11	8	2	1	4

任务7.3　施工方案

7.3.1　施工程序与施工顺序

根据本工程结构复杂及各部分不同的施工特点，将工程划分为地下工程、主体结构工程、围护工程和装饰工程四个施工阶段。

（1）地下工程施工顺序。采用预制钢筋混凝土桩基础，其施工顺序为：静压沉桩→基坑挖土→破桩头→做承台垫层→承台支模、扎筋、浇混凝土、养护、拆模→回填土。局部采用毛石基础，其施工顺序为：基坑挖土→砌毛石基础→回填土。

（2）主体结构工程的施工顺序。在同一层中，现浇钢筋混凝土框架、楼梯采用的施工顺序为：柱扎筋→柱、梁、板、楼梯支模→柱浇混凝土→梁、板、楼梯扎筋→梁、板、楼梯浇混凝土→混凝土养护→拆模。

（3）围护工程的施工顺序。围护工程的施工顺序包括墙体工程（包括搭设内脚手架、砌筑内外墙、安装门窗框、安装过梁）、屋面工程（包括隔气层、保温层、找平层、防水层施工）等内容。不同的分项工程之间可组织平行、搭接、立体交叉流水作业，屋面工程、墙体工程、地面工程应密切配合。外脚手架应配合主体工程，且在室外装饰之后、做散水之前拆除。

（4）装饰工程的施工顺序。装饰工程共有五层，采用双排钢管外脚手架。其施工流向：室外装饰自上而下，室内装饰自上水平向下。其施工顺序：先室外，后室内；室内装饰为：楼面→顶棚→内墙。

7.3.2 施工机械及各种施工方法

（1）施工机械。

1）垂直运输：选用2～6 t和3～8 t塔式起重机各1台；人货电梯2部。

2）水平运输：采用翻斗车及双、单轮手推车；

3）两台400 t液压式静压桩机；

4）选用250 L、400 L混凝土搅拌机各两台。

（2）主要工种的施工方法。根据该工程的具体情况，按平面划分三个施工段进行平面流水作业（图7.2）。

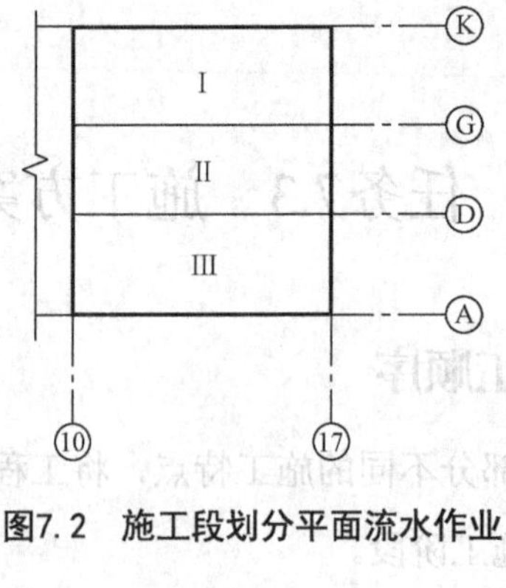

图7. 2 施工段划分平面流水作业

施工工艺流程如图7.3所示。

1）桩基础工程。

首先应做好静压沉桩前的准备工作。其内容如下：

①进行场地平整与压实，使地面有一定的承载力，并保证满足桩机行驶要求。

②材料、机具的准备及接通水、电源。水源由城市地下水网引入；电源由附近变电室引入。采用两台400 t液压式静压桩机沉桩，桩为预制方桩，用平板拖车运到现场，由于场地狭窄，需要二次搬运。

③进行静压沉桩试验，以便检验设备和工艺是否符合要求（试验不得少于两根）。

④按先大后小、先深后浅的原则，确定打桩。

⑤抄平放线及定桩位。

其次，进行静压沉桩。先桩机就位并吊装，接着重校，然后进行静压沉桩。桩基础工程施工中的注意事项如下：

①场地一定要平整压实，并保证满足桩机行驶要求。施工现场及周围的排水沟应保持畅通。

②抄平放线时轴线偏差不得大于20 mm。

③在静压沉桩过程中一定要和压桩力认真观测记录。静压沉桩的间歇时间不要过长。在沉桩过程中要随时注意贯入度和压桩力的变化。

④静压沉桩后的偏差要在允许范围之内（桩的垂直度偏差不得大于1%，水平位置偏差不得大于100～150 mm）。压入的桩要满足压桩力或标高的设计要求。

2）土方工程：采用人工挖土，由翻斗车、单轮手推车将土方随挖随运至指定地点，待室内回填土时运回。根据地质勘测报告，地下水水位较浅，土方工程施工必须采取排水措施。

3）砌筑工程：采用“三一”砌筑法施工，现场搅拌砂浆。

4）钢筋工程：现场集中下料加工，现场绑扎，现场配备卷扬机、切断机、弯曲机等机械设备，以满足调直、切断、弯曲成型的施工操作，焊接采用电渣压力焊与电弧焊。

5）模板工程。

①采用钢桁架、钢模结合。支撑系统采用扣件式钢管支撑，每层柱支模到梁底标高，梁板支模一次完成。每层柱混凝土浇筑至梁底标高，梁、板混凝土一次浇筑完毕，施工缝处理按相关规范要求。另外，模板必须有足够的刚度和稳定性。

②支模方法：支模前先弹线，标出门洞口位置、尺寸，然后支一侧模板，安装门洞口预埋件后再支另一侧模板，墙体厚度由两模中间穿墙螺栓塑料套管控制，模板的垂直、水平度再由下端地脚螺栓调整，检验合格后，将各道螺栓拧紧，堵好模板底部缝隙，转角处使用角模，与大模板配套。

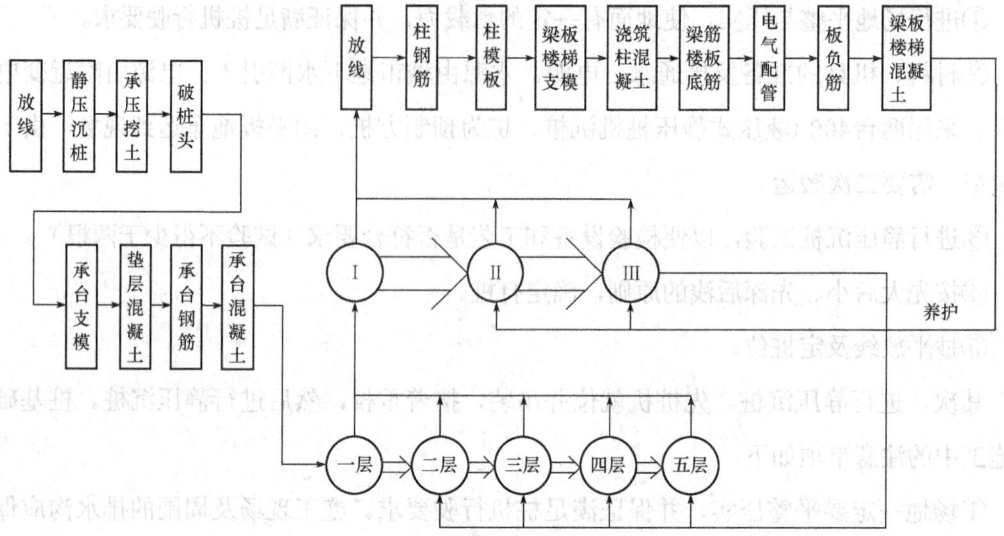

图7.3　施工工艺流程图

③隔离剂的使用：选用废机油或其他隔离剂。

④模板支撑系统应进行专项设计计算，单独编制专项方案。

6）混凝土工程：采用现场机械搅拌、机械振捣。先根据混凝土的实验室配合比换算出施工配合比，然后选用搅拌机。现选用250 L、400 L混凝土搅拌机各2台，再根据混凝土施工配合比及搅拌机型号确定搅拌时原材料的一次投料量。先在料斗里装入石子，再装水泥及砂；可在鼓筒里先加水，或在料斗提升进料的同时陆续加水。搅拌时间要符合要求。

任务7.4　施工进度计划表

施工进度计划表略。

任务7.5　各种资源需要量计划表

7.5.1　主要材料、构配件需要量计划表

主要材料、构配件需要量计划表详见表7.4。

表7.4　主要材料、构配件需要量计划表

序号	名称	规格	实物量		备注
			单位	数量	
1	预制混凝土桩	7 m/8 m	根	607/323	
2	水泥	41.65 MPa 31.85 MPa	t	2 500/320	
3	砾石	2～4 cm 0.5～2 cm	m^3	3 200/1 700	
4	砂	中清/混	m^3	2 500/1 300	
5	钢桁架		框	410	
6	钢窗		档	93	
7	组合钢窗		组	7	
8	散热器	四柱813型	片	9 484	
9	钢管	镀锌/焊接	m	4 570/5 636	
10	铸铁管		m	980	
11	卫生器具		套	68	
12	消防设备		组	32	
13	低压配电屏 消防控制屏		个	2/4	
14	动力照明		个	5/23	配电箱
15	防火栓按钮		个	28	
16	烟感、温感		个	—	探测器
17	各种灯具		套	2 083	
18	钢管塑料管	各种	m	3 922/20 612	
19	导线	各种	m	73 711	

7.5.2　主要机械设备需要量计划表

主要机械设备需要量计划表详见表7.5。

表7.5 主要机械设备需要量计划表

序号	机具名称	规格	单位	数量	计划进场时间	备注
1	塔式起重机	QT_1-6	台	1	5月初	
2	塔式起重机	QT-60/80	台	1	5月初	
3	混凝土搅拌机	400 L	台	2	4月中	
4	砂浆搅拌机	200 L	台	2	4月中	
5	钢筋切断机		台	1	4月初	
6	钢筋弯曲机		台	2	4月中	
7	蛙式打夯机		台	2	4月中	
8	电梯		台	2	7月初	
9	电焊机	直流	台	2	4月初	
10	筛砂机		台	1	4月初	
11	插入式振捣器	ϕ50	台	2	5月中	
12	平板振捣器		台	1	5月中	
13	版压式静压桩机	400 t	台	2	3月初	

7.5.3 劳动力需要量计划表

劳动力需要量计划表详见表7.6。

表7.6 劳动力需要量计划表

序号	工种名称	最高人数	4月	5月	6月	7月	8月	9月	10月
1	泥工	126	126						
2	混凝土工	74	30	74	40	40	40	55	
3	钢筋工	69	19	69	50	50	50	53	
4	木工	59	20	50	50	50	50	59	
5	瓦工	20	15			20	20	20	
6	水、暖、电工	12		12	12	12	12	12	12
7	其他工种	15	15	15	15	15	15	15	15

任务7.6 主体结构工程施工阶段平面布置图

主体结构工程施工阶段平面布置图如图7.4所示。

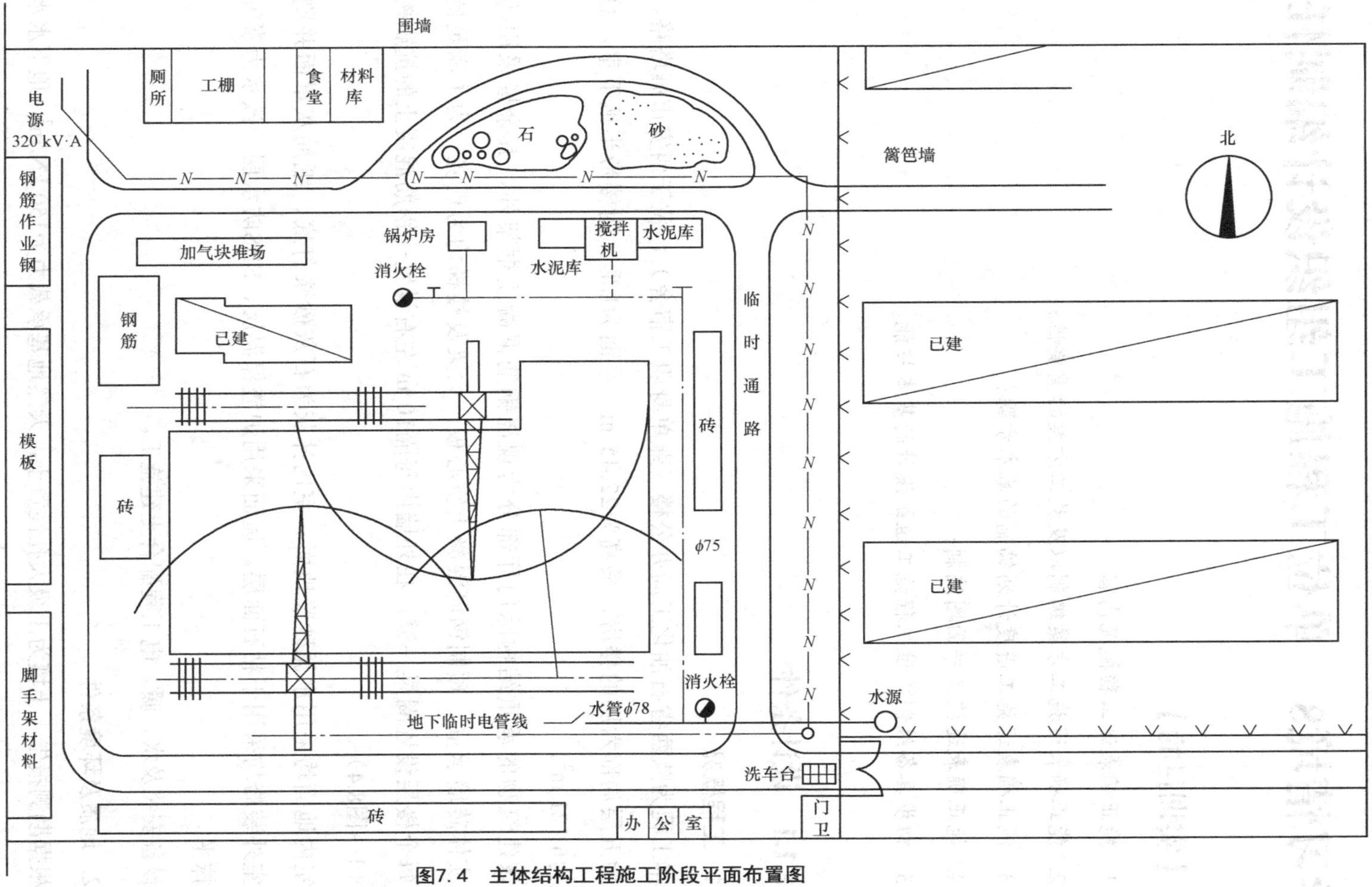

图7.4　主体结构工程施工阶段平面布置图

学习情境8　单位工程施工组织设计编制任务

【实训目的】

1. 能正确表述工程概况内容；
2. 能正确表述施工方案编制以及施工方案的重要性；
3. 能正确表述施工进度计划编制的基本步骤；
4. 能正确表述施工平面图编制；
5. 初步具备编制单位工程施工组织设计的基本技能。

8.1.1　设计条件

1. 工程概况

本工程为陕西省石油化工局办公楼（兼单身职工宿舍），位于西安市雁塔路。该建筑物为五层局部六层的楼房，最高为22.45 m，平面为L形，附楼带半地下室，总建筑面积为6 121 m^2。

该建筑物的承重结构除门厅部分为现浇钢筋混凝土框架外，其余皆采用砖混结构。实体砖墙承重，预制钢筋混凝土空心板，大梁及楼梯均为现浇。为了满足抗震要求，每个楼层设置圈梁一道，在外墙内每隔10 m左右设置一钢筋混凝土的抗震构造柱（图8.1～图8.4）。

室内地面均采用水泥砂浆地面。室内抹灰为石灰砂浆打底，纸筋灰罩面并刷乳胶漆。室外装修均采用干粘石面层。屋面采用炉渣保温层、SBS防水层。散水为素混凝土一次抹平。

设备安装及水、暖、电工程配合土建施工。

2. 地质及环境条件

根据勘测报告，土壤为Ⅰ级大孔性黄土，天然地基承载力为150 kN/m^2，地下水水位在地表以下6～7 m，地表耕土层厚度为0.5 m。

建筑场地南侧及北侧均为已建成建筑物，西侧为菜地，以土墙为界，东侧为雁塔路，距道沿3 m内的人行道不得占用，沿街树木不得损伤。人行道一侧上面有高压输电线及电话线通过。

3．气象条件

施工期间（夏秋两季）主导风向：偏东。雨季为9、10两个月。工程施工期间不遇冬季。

4．施工工期要求

本工程基础部分（前楼±0.000 m以下，附楼地下室-2.350 m以下）已完工。要求于4月1日开工，10月30日竣工。限定总工期为7个月。

5．施工技术经济条件

施工任务由西安市某建筑公司承担，该公司委派一个项目部负责。该项目部作业层有瓦工20人，木工16人，钢筋工12人，混凝土工30人，抹灰工30人，以及其他辅助工人（如油漆工、玻璃工、防水工、机工、普工）共计150人。根据需要可有部分民工协助工作（但不超过50人）。

施工中需用的电、水均从城市供电供水网中接引。建筑材料及预制构件用汽车运入工地。空心楼板等由市建筑总公司半坡村预制厂制作（运距10 km），木门窗由市木材加工厂制作（运距7 km）。

大型临建工程中除搅拌棚需要设置外，办公及其他生活用房均可利用已建成的家属宿舍楼。工人宿舍无须设置，但工地食堂及锅炉房仍应设置。

可供施工选用的起重机有QT1-6型塔式起重机及QT1-2型塔式起重机。汽车除解放牌（5 t）外，还有黄河牌（8 t）可以使用。卷扬机、各种搅拌机、木工机械、混凝土振捣器及脚手架板等可根据计划需要进行供应。

8.1.2　附图及附表

1．附图

（1）底层平面图（1：250）及总平面图（1：500）如图8.1所示。

（2）北立面图、东立面图（1：250）如图8.2所示。

（3）剖面图如图8.3所示。

（4）一、二层结构平面图（1：250）如图8.4所示。

2．附表

（1）主体结构工程量明细表见表8.1。

（2）装修及屋面工程量表见表8.2。

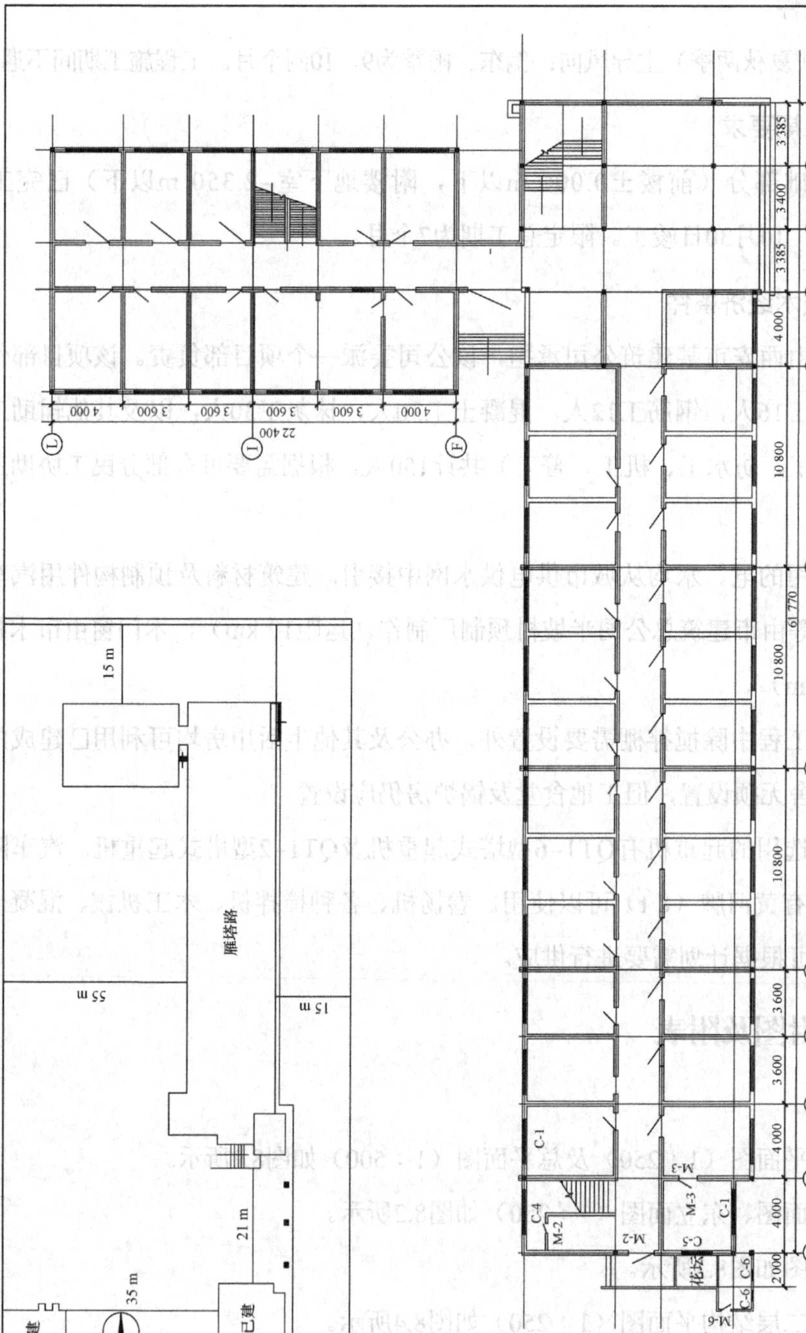

图8.1 底层平面图、总平面图

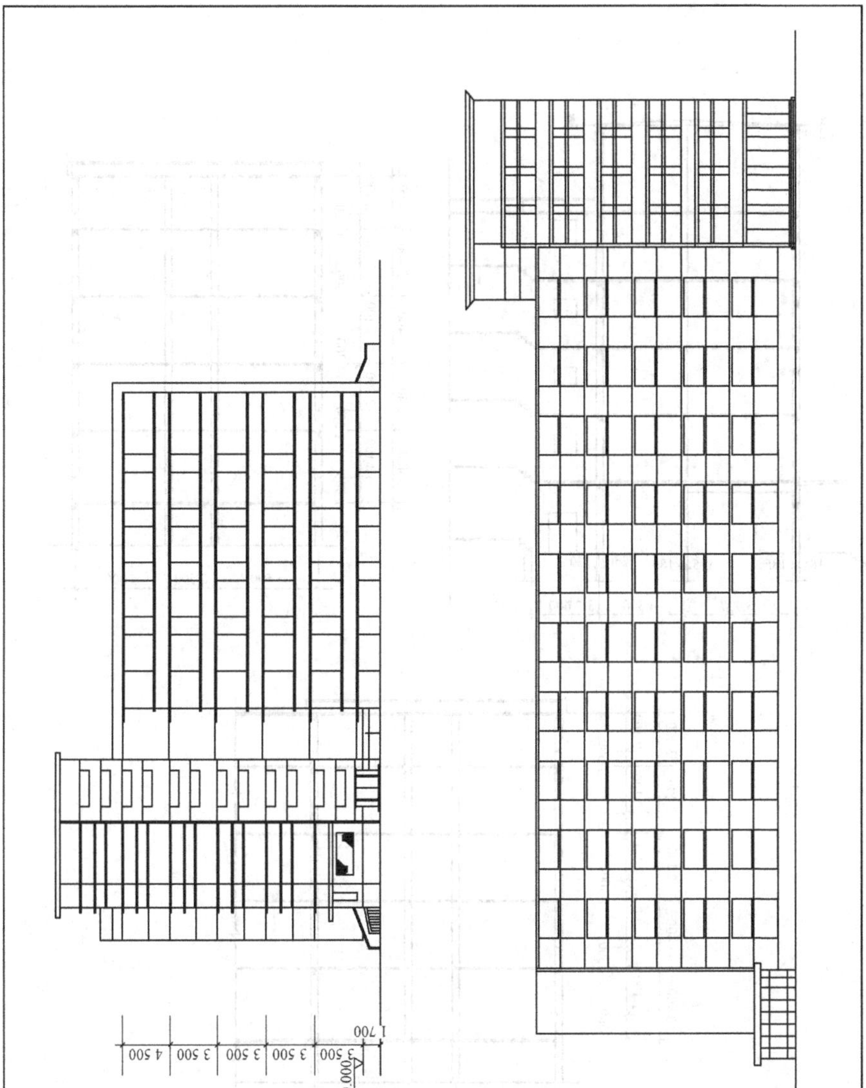

图8.2 北立面图、东立面图

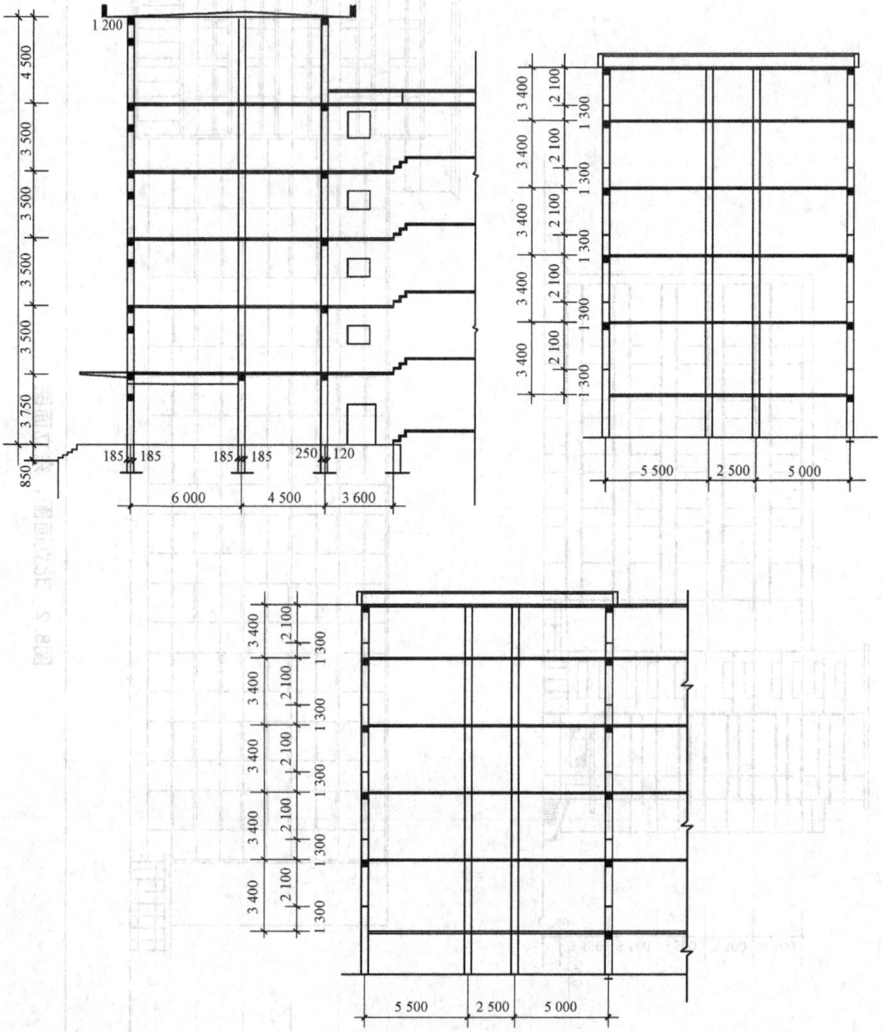
1 200
4 500
3 500
3 500
3 500
3 500
3 750
850
185
185
185
185
250
120
6 000
4 500
3 600
3 400
2 100
1 300
5 500
2 500
5 000

图8.3　剖面图

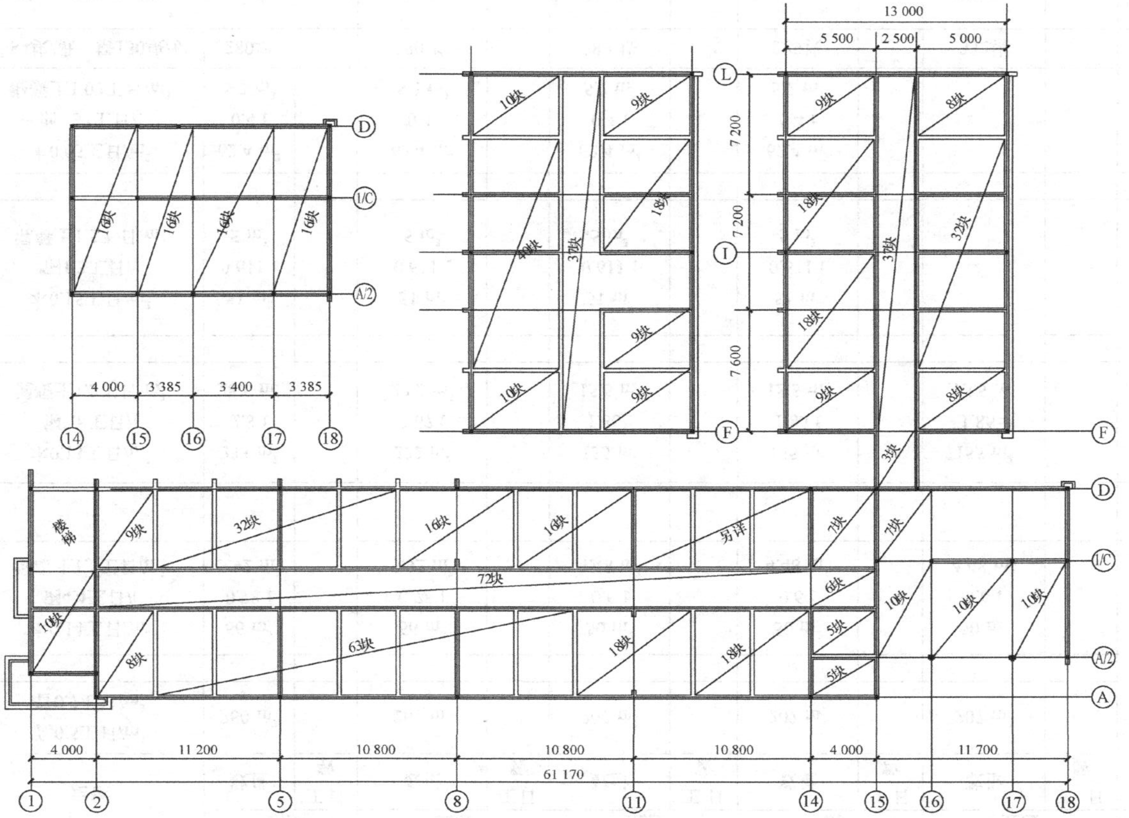

图8.4　一、二层结构平面图

表8.1　主体结构工程量明细表（一）

前楼（1～14线） 工程项目	定额	一层		二层		三层		四层		五层		屋顶		数量
		数量	工日数	数量	工日数	数量	工日数	数量	工日数	数量	工日数	数量	工日数	
1．砌砖墙	瓦0.5工日/m^3 普0.7工日/m^3	260 m^3		260 m^3		207 m^3		207 m^3		207 m^3		33 m^3		1 174 m^3
2．现浇柱														
模板 钢筋 混凝土	木0.14工日/m^2 钢4.4工日/t 混凝土1.6工日/m^3	66 m^3 0.78 t 5.92 m^3		66 m^2 0.78 t 5.92 m^3		50 m^2 0.6 t 4.48 m^3		50 m^2 0.6 t 4.48 m^3		50 m^2 0.6 t 4.48 m^3				282 m^2 3.36 t 25.28 m^3
3．现浇圈梁、大梁、挑檐														
模板 钢筋 混凝土	木0.13工日/m^2 钢7.8工日/t 混凝土1.2工日/m^3	233 m^2 2.8 t 28.6 m^3		222 m^2 2.67 t 22.2 m^3		155 m^2 1.86 t 15.5 m^3		155 m^2 1.86 t 15.5 m^3		155 m^2 1.86 t 15.5 m^3				920 m^2 11.05 t 97.3 m^3
4．现浇楼梯														
模板 钢筋 混凝土	木0.15工日/m^2 钢1.3工日/t 混凝土1.5工日/m^3	51 m^2 0.611 t 5 m^3		51 m^2 0.611 t 5 m^3		51 m^2 0.611 t 5 m^3		51 m^2 0.611 t 5 m^3						204 m^2 2.444 t 20 m^3
5．现浇楼板														
模板 钢筋 混凝土	木0.05工日/m^2 钢7.37工日/t 混凝土1.02工日/m^3	62.4 m^2 0.4 t 5.2 m^3		62.4 m^2 0.4t 5.2 m^3		62.4 m^2 0.4 t 5.2 m^3		62.4 m^2 0.4 t 5.2 m^3						249.6 m^2 1.6 t 20.8 m^3
6．安装楼板	井84块/班　塔130块/班	280块		280 块		289 块		289块		332块				1 470块
7．楼板灌缝	混凝土1.17工日/100 m			1 179.36 m		1 179.36 m		1 179.36 m		1 179.36 m				4 717.4 m

表8.1　主体结构工程量明细表（二）

前楼（14～18线）工程项目	定额	一层		二层		三层		四层		五层		六层		数量
		数量	工日数	数量	工日数	数量	工日数	数量	工日数	数量	工日数	数量	工日数	
1．砌砖墙	瓦0.5工日/m^3 普0.7工日/m^3	94 m^3		97 m^3		79 m^3		79 m^3		79 m^3		63 m^3		491 m^3
2．现浇柱														
模板 钢筋 混凝土	木0.14工日/m^2 钢4.4工日/t 混凝土1.6工日/m^3	118 m^2 1.49 t 10.73 m^3		81 m^2 0.93 t 7.4 m^3		80 m^2 0.9 t 7.12 m^3		80 m^2 0.9 t 7.12 m^3		80 m^2 0.9 t 7.12 m^3		85 m^2 0.98 t 7.84 m^3		524 m^2 6.1 t 47.33 m^3
3．现浇圈梁、大梁、挑檐														
模板 钢筋 混凝土	木0.13工日/m^2 钢7.8工日/t 混凝土1.2工日/m^3	180 m^2 2.16t 18 m^3		108 m^2 1.3 t 10.8 m^3		95 m^2 1.14 t 9.5 m^3		95 m^2 1.14 t 9.5 m^3		95 m^2 1.14 t 9.5 m^3		140 m^2 1.68 t 14 m^3		713 m^2 8.56 t 71.3 m^3
4．现浇楼梯														
模板 钢筋 混凝土	木0.15工日/m^2 钢1.3工日/t 混凝土1.5工日/m^3	63.2 m^2 0.75 t 6.2m^3		63.2 m^2 0.75 t 6.2 m^3		63.2 m^2 0.75 t 6.2 m^3		63.2 m^2 0.75 t 6.2 m^3		63.2 m^2 0.75 t 6.2 m^3				316 m^2 3.75 t 31 m^3
5．安装楼板	井84块/班 塔130块/班	64块		64块		64块		64块		64块		72块		392块
6．楼板灌缝	混凝土1.17工日/100m	362.88 m		362.88 m		362.88 m		362.88 m		362.88 m		362.88 m		2 177.28 m

表8.1　主体结构工程量明细表（三）

后楼工程项目	定额	一层		二层		三层		四层		五层		屋顶		数量
		数量	工日数	数量	工日数	数量	工日数	数量	工日数	数量	工日数	数量	工日数	
1．砌砖墙	瓦0.5工日/m^3 普0.7工日/m^3	220 m^3		190 m^3		182 m^3		151 m^3		135 m^3		25 m^3		9 034 m^3
2．现浇柱														
模板	木0.14工日/m^2	48 m^2		32 m^2		32 m^2		22 m^2		22 m^2		22 m^2		178 m^2
钢筋	钢4.4工日/t	0.57 t		0.37 t		0.37 t		0.26 t		0.26 t				1.83 t
混凝土	混凝土1.6工日/m^3	4.34 m^3		2.86 m^3		2.86 m^3		1.95 m^3		1.95 m^3				13.96 m^3
3．现浇圈梁、大梁、挑檐														
模板	木0.13工日/m^2	158 m^2		134 m^2		134 m^2		120 m^2		154 m^2				700 m^2
钢筋	钢7.8工日/t	1.9 t		1.61 t		1.61 t		1.44 t		1.85 t				9.85 t
混凝土	混凝土1.2工日/m^3	15.8 m^3		13.4 m^3		13.4 m^3		13.4 m^3		15.4 m^3				71.4 m^3
4．现浇楼梯														
模板	木0.15工日/m^2	36.7 m^2												36.7 m^2
钢筋	钢1.3工日/t	0.43 t												0.43 t
混凝土	混凝土1.5工日/m^3	3.6 m^3												3.6 m^3
5．安装楼板	井84块/班 塔130块/班	141块		149块		149块		149块		149块				737块
6．楼板灌缝	混凝土1.17工日/100 m	544.32 m		544.32 m		544.32 m		544.32 m		544.32 m				2 721.6 m

表8.2 室内外装修及屋面工程量表

编号	工程项目	单位	工程量	时间定额
1	屋面板上找平层	m^2	1 415	0.05
2	冷底子油	m^2	1 415	0.006
3	两道热玛璃脂	m^2	1 415	0.02
4	炉渣保温层	m^2	111	0.5
5	保温层上找平层	m^2	1 453	0.05
6	SBS防水层	m^2	1 453	0.063
7	地下室C10混凝土地坪垫层	m^3	31	1.4
8	前楼底层C10混凝土地坪垫层	m^3	99.5	1.4
9	水泥砂浆地面	m^2	6 112	0.06
10	内墙面抹灰	m^2	19 933	0.09
11	顶棚抹灰	m^2	5 187	0.11
12	外墙抹灰	m^2	6 944	0.14
13	木门窗安装	m^2	1 877	0.2
14	木门窗油漆	m^2	1 877	0.14
15	玻璃安装	m^2	1 260	0.03
16	室内刷乳胶漆	m^2	20 370	0.006
17	室外勒脚	m^2	285	0.14
18	台阶散水	m^2	362	0.18
19	搭、拆脚手架	m^2	4 500	搭0.08 拆0.023
20	安（拆）塔式起重机	台	自算	安20工日/台 拆15工日/台
21	安（拆）井架	台	自算	安15工日/台 拆10工日/台

附　录

附录1　常用塔式起重机机械参数及台班产量

机械名称	性能	台班产量
QT1-2型塔式起重机	H=17～28 m	130次/台班
	R=16～8 m	
	Q=1～2 t	
	轨距3.8 m	
QT1-6型塔式起重机	H=40 m	130次/台班
	R=20～8 m	
	Q=2～5.2 t	
	轨距3.8 m	

（1）常用施工机械台班产量。

塔式起重机：120次/台班（综合）；井架、门架：84次/台班；

混凝土搅拌机：J_1-250型号　20 m^3/台班；J_1-400型号　36 m^3/台班；

砂浆搅拌机：10 m^3/台班。

（2）一次提升材料数量。

红砖：0.5 m^3；砂浆：0.325 m^3；混凝土：0.5 m^3；空心板：2块。

附录2　建筑工地道路与构筑物最小距离

构筑物名称	至行车道边最小距离/m
栅栏	1.5
建筑物墙壁（无汽车入口）外墙表面	1.5
建筑物墙壁（有汽车入口）外墙表面	7.0
铁路轨道外侧缘	3.0

附录3　平面图设计参考资料

1. 材料数量计算数据

每1 m^3砌体需用红砖535块，砂浆0.23 m^3，每100 m^2抹灰面积需用砂浆2.2 m^3。

2. 计算仓库面积参考指标

序号	材料名称	单位	每m^2储存量	堆置高度/m
1	红砖	块	500	1.5
2	砂	m^3	1.2	1.5
3	砾石	m^3	1.2	1.5
4	水泥	t	1.4	1.5
5	石灰	t	1.0	1.0～1.5

3. 施工平面图数据表

序号	项目	储备量及其他数据	面积/m^2
1	红砖堆场	总量180万块，储备量为总量1/4	
2	生石灰棚	总量330 t，储备量为总量1/3	
3	砂堆场	总量2 300 m^3，储备量为总量的20%	

续表

序号	项目	储备量及其他数据	面积/m^2
4	砾石堆场	总量600 m^3，储备量为总量的1/3	
5	水泥库	总量620 t，储备量为总量的20%	
6	木门窗堆放棚	160 m^2	
7	脚手杆，脚手板堆场	面积为100 m^2，杆长6 m 板规格为0.05×0.3×4（m）	
8	木工作业棚场	作业棚30 m^2，模板堆场90 m^2	
9	钢筋作业棚场	作业棚40 m^2，钢筋堆场120 m^2	
10	空心楼板堆场	160 m^2，每块面积4×0.5 m	
11	茶炉及简单灶房	25 m^2	
12	卷扬机棚	每个1.5×1.5 m，距井架不小于15 m	
13	井架	每个2×2 m	
14	混凝土及砂浆搅拌棚	10 m^2/台，台数自算	
15	传达室	自行考虑	
16	厕所	自行考虑	
17	脚手架	双排宽1.5 m，单排宽1.2 m	
18	塔式起重机	钢轨距脚手架不小于0.5 m	
19	临时道路	环形，宽3.5 m	

<table>
<tr><td rowspan="2">项目2</td><td rowspan="2">施工方案选择
（施工程序及施工起点和流向）</td><td>时间</td><td></td></tr>
<tr><td>地点</td><td></td></tr>
<tr><td>目的要求</td><td colspan="3">通过教师讲解，引导学生讨论，确定正确的施工程序，选择合理的施工流向。</td></tr>
<tr><td>序号</td><td>任务及问题</td><td colspan="2">解答</td></tr>
<tr><td>1</td><td>确定施工程序需要遵循先地下后地上、先主体后围护的原则。</td><td colspan="2"></td></tr>
<tr><td>2</td><td>什么叫作封闭式施工？其适用范围是什么？封闭式施工的优缺点有哪些？</td><td colspan="2"></td></tr>
</table>

续表

序号	任务及问题	解答
3	确定单位工程施工流程，一般应考虑哪些因素？	
4	主体结构工程的施工流向（平面和竖向）？	
5	装饰工程竖向的流程（室内和室外）？	

<table>
<tr><td>项目3</td><td colspan="2">施工方案选择
（施工顺序及施工机械）</td><td>时间</td><td></td></tr>
<tr><td></td><td colspan="2"></td><td>地点</td><td></td></tr>
<tr><td>目的要求</td><td colspan="4">通过教师讲解，学生小组讨论，结合参考案例，合理地确定各分项工程或工序之间施工的先后次序，并选择合适的施工机械。</td></tr>
<tr><td>序号</td><td>任务及问题</td><td colspan="3">解答</td></tr>
<tr><td>1</td><td>确定正确的施工顺序的目的是什么？</td><td colspan="3"></td></tr>
<tr><td>2</td><td>确定施工顺序时，需要考虑的因素有哪些？</td><td colspan="3"></td></tr>
<tr><td>3</td><td>多层混合结构房屋主体结构的施工顺序。</td><td colspan="3"></td></tr>
<tr><td>4</td><td>屋面工程的施工顺序一般为？</td><td colspan="3"></td></tr>
<tr><td>5</td><td>选择施工机械时应该着重考虑哪几方面？</td><td colspan="3"></td></tr>
</table>

<table>
<tr><td>项目4</td><td colspan="2">施工方案选择
（施工方法及施工保证措施）</td><td>时间</td><td></td></tr>
<tr><td></td><td colspan="2"></td><td>地点</td><td></td></tr>
<tr><td>任务描述</td><td colspan="4">通过教师引导，让学生认知了解现代建筑常用的建筑材料，常见的施工方法，通常的管理模式，以及施工现场经常采用的安全措施等现场知识。</td></tr>
<tr><td>序号</td><td colspan="2">任务及问题</td><td colspan="2">解答</td></tr>
<tr><td>1</td><td>砌筑工程选择施工方法时，应该注意哪些方面？（请将具体的做法写到单位工程施工组织设计文件中）</td><td colspan="3"></td></tr>
<tr><td>2</td><td>施工现场的三通一平具体指什么？</td><td colspan="3"></td></tr>
<tr><td>3</td><td>钢筋混凝土工程中用到的模板都有哪些类型？</td><td colspan="3"></td></tr>
<tr><td>4</td><td>安装工程中哪些方面需要选择专项的施工方法？</td><td colspan="3"></td></tr>
<tr><td>5</td><td colspan="4">施工保证措施包括______________、______________、______________和现场文明施工措施。</td></tr>
<tr><td>6</td><td>为了保证工程质量应该从哪几个方面进行考虑？</td><td colspan="3"></td></tr>
</table>

项目5	施工进度计划 （确定施工持续时间即流水节拍）		时间	
			地点	
任务描述	本项目是该实训最重要的任务之一，原因在于施工组织设计很重要的一块内容就是安排工程进度，进度安排的好坏将很大程度上影响工程的成本。而流水节拍的确定是安排好工程进度的基础。所以，要求同学们按照一定的步骤和方法，合理划分施工段，去求得利于组织施工的节拍值。			
序号	任务及问题		解答	
1	什么是流水节拍？其作用是什么？			
2	流水节拍的计算方法有几种？列出其算式，并解释式中字母的含义。			
3	简述时间定额和产量定额的区别。			
4	安装工程中哪些方面需要选择专项的施工方法？			
5	施工保证措施包括____________、____________、____________和现场文明施工措施。			
6	为了保证工程质量应该从哪几个方面进行考虑？			

<table>
<tr><td rowspan="2">项目6</td><td rowspan="2">施工进度计划
（编制进度计划初始方案）</td><td>时间</td><td></td></tr>
<tr><td>地点</td><td></td></tr>
<tr><td>任务描述</td><td colspan="3">根据项目5计算所得的流水节拍，应用流水施工的组织方法，编制进度计划初始方案，得到工程的计划工期。</td></tr>
<tr><td>序号</td><td>任务及问题</td><td colspan="2">解答</td></tr>
<tr><td>1</td><td colspan="3">组织施工时一般可采用________、________、流水施工和________四种方式。</td></tr>
<tr><td>2</td><td>什么是流水步距？什么是工期？它们各自的计算公式是什么？</td><td colspan="2"></td></tr>
<tr><td>3</td><td colspan="3">根据流水施工节奏特征的不同，流水施工可分为有节奏流水和________。
有节奏流水又可分为等节奏流水和________。
等节奏流水又称为全等节拍流水或固定节拍流水，它根据流水步距的不同又可分为等节拍等步距流水和______。
异节奏流水又可分为等步距异节奏流水（成倍节拍流水）和________。</td></tr>
<tr><td>4</td><td colspan="3">安装工程中哪些方面需要选择专项的施工方法？</td></tr>
<tr><td>5</td><td>查阅资料：何种情况下，不同施工过程或工序之间可以搭接？何种情况下不能搭接？</td><td colspan="2"></td></tr>
</table>

项目7	施工进度计划（调整进度计划）	时间	
		地点	
任务描述	在项目6的基础上，在满足质量和安全的条件下，调整进度计划初始方案，合理缩短工期，达到一定的经济效益。		
序号	任务及问题	解答	
1	如果计算工期超过计划工期，需要调整施工进度计划，如何实现？		
2	在钢筋混凝土工程中，柱子、梁、板都要通过支模、绑钢筋、浇混凝土、养护来完成。它们的顺序一样吗？如果不一样，请说明有什么区别？		
3	在本实训的单位工程中，从主体到屋面，再到装饰装修？每一项分部工程下的各个分项工程的每个施工过程都是连续的吗？哪个施工过程最为关键？		
4	思考：主体结构工程量是按照前楼①~⑭轴线、前楼⑭~⑱轴线、后楼三部分给的，那么主体工程的施工段数能不能划分成4段、5段、6段？如果能，在哪划分为好？为什么？		

项目8	施工平面图 （确定各材料堆场、临时设施、加工棚等所需的面积）	时间	
		地点	
任务描述	施工平面图既是布置施工现场的依据，也是施工准备工作的一项重要依据，它是实现文明施工、节约并合理利用土地、减少临时设施费用的先决条件。因此，它也是施工组织设计的重要组成部分。施工平面图不但要在设计时周密考虑，还要认真贯彻执行，这样才会使施工现场井然有序，保证施工顺利进行，保证施工进度，提高效率和经济效果。		
序号	任务及问题	解答	
1	建筑平面图和施工平面图有什么区别？		
2	单位工程施工平面图的设计内容有哪些？		
3	如何确定各材料堆场、临时设施、加工棚等所需的面积？		

<table>
<tr><td rowspan="2">项目9</td><td colspan="2" rowspan="2">施工平面图
（平面图初始布置方案）</td><td>时间</td><td></td></tr>
<tr><td>地点</td><td></td></tr>
<tr><td>任务描述</td><td colspan="4">在项目8的基础上，初步布置平面图</td></tr>
<tr><td>序号</td><td colspan="2">任务及问题</td><td colspan="2">解答</td></tr>
<tr><td>1</td><td>施工平面图布置的中心环节是什么？</td><td colspan="3"></td></tr>
<tr><td>2</td><td>搅拌站、加工厂及各种材料、构件堆场或仓库布置时应考虑哪些方面？</td><td colspan="3"></td></tr>
<tr><td>3</td><td>现场道路布置时，应考虑哪些问题？</td><td colspan="3"></td></tr>
<tr><td>4</td><td>水、电管网在施工现场，应该覆盖哪些范围？</td><td colspan="3"></td></tr>
<tr><td>5</td><td>行政管理、文化、生活、福利用临时设施的布置原则？</td><td colspan="3"></td></tr>
</table>

项目10	施工平面图调整及资料整理、装订、上交。	时间	
		地点	
任务描述	指导教师根据实习周学生参观学习及完成每日实习报告情况，总结实习周成果及主要问题，引导学生后期专业课程的学习。		
序号	任务及问题	解答	
1	施工组织设计综合实训总结		
2	指导教师引导各小组组长进行施工组织设计综合实训总结，答疑。		
3	老师验收，小组组长协助学习委员上交施工组织设计综合实训报告及相关资料。		
4	老师验收，班长和小组组长负责收回实训器具。		

参 考 文 献

［1］危道军．建筑施工组织［M］．3版．北京：中国建筑工业出版社，2014.

［2］汪绯，张云英，等．建筑施工组织［M］．北京：化学工业出版社，2010.

［3］李源清．建筑施工组织设计与实训［M］．北京：北京大学出版社，2014.

［4］国家标准．GB/T 50502—2009 建筑施工组织设计规范［S］．北京：中国建筑工业出版社，2009.